사물인터넷 IoT Maker
라즈베리파이
CCTV 만들기

Raspberry Pi Model B+ V1.2
ⓒ Raspberry Pi 2014

HDMI

기연아 저

DIGITAL BOOKS

Since 1999

www.digitalbooks.co.kr

저자 **기연아**

- 동덕여자대학교 컴퓨터학 학사 졸업
- 광운대학교 전자공학 석사 졸업
- 현 : 로봇 스타트업 (주)서큘러스 이사(로봇 콘텐츠 개발 및 소프트웨어 개발), 각종 공공기관, 사기업에서 활발하게 라
  즈베리파이를 이용한 IoT 강의 중

이메일 yh4571@gmail.com
블로그 blog.naver.com/kiyeonah
홈페이지 www.circul.us

| 만든 사람들 |
기획 IT・CG기획부 | **진행** 양종엽 | **집필** 기연아 | **표지디자인** D.J.I books design studio | **편집디자인** 디자인숲・이기숙

| 책 내용 문의 |
도서 내용에 대해 궁금한 사항이 있으시면
저자의 홈페이지나 디지털북스 홈페이지의 게시판을 통해서 해결하실 수 있습니다.
디지털북스 홈페이지 www.digitalbooks.co.kr
디지털북스 페이스북 www.facebook.com/ithinkbook
디지털북스 카페 cafe.naver.com/digitalbooks1999
디지털북스 이메일 digital@digitalbooks.co.kr
저자 이메일 yh4571@gmail.com
저자 블로그 blog.naver.com/kiyeonah

| 각종 문의 |
영업관련 hi@digitalbooks.co.kr
기획관련 digital@digitalbooks.co.kr
전화번호 (02) 447-3157~8

내 이름으로 된 책이 나오면 좋겠다고 어렸을 때부터 막연하게 생각했는데 이렇게 저의 첫 번째 책이 출간 된다니 기쁘고 설렙니다. 책을 쓴다는 것은 참 멋진 일이지만 많은 정성과 노력이 필요하다는 것을 느끼게 된 시간이었습니다. 사실 저는 만드는 것에 그렇게 큰 흥미를 느끼던 사람은 아니었습니다. 전공이 컴퓨터공학과 전자공학이라 각각에 대한 지식은 있었지만 이 것들이 '메이킹'으로 연결할 생각은 하지 못했습니다. 2015년 지금의 팀원들을 만나 라즈베리파이를 처음 만져보면서 '메이킹'이 무엇인지, 이 것을 통해 얼마나 놀라운 것들을 만들어 낼 수 있는지 알게 되었습니다. 이때부터 진정한 메이킹의 재미를 느낄 수 있었습니다. 이 책을 읽는 여러분도 저와 마찬가지로 라즈베리파이와 메이킹의 즐거움에 빠질 수 있기를 바랍니다.

이 책은 라즈베리파이라는 소형 컴퓨터에 자바스크립트라는 프로그래밍 언어를 이용하여 CCTV를 만드는 과정을 담고 있습니다. 처음 이 책을 읽을 때 필요한 것은 라즈베리파이에 대한 관심과 CCTV를 만들어보겠다는 의지입니다. 라즈베리파이와 자바스크립트에 대해 잘 몰라도 이 책의 각 챕터를 한 단계씩 학습하면서 따라가면 나만의 CCTV를 완성할 수 있습니다. 혹은 새롭게 알게 된 것들을 통해 자신만의 다음 메이킹 작품을 만들 수도 있습니다. 그렇기 때문에 이 책은 개인적으로 메이킹 활동을 할 때나 교육용 교재로 활용하기 적합합니다. 책에 사용한 모든 소스코드는 깃허브 (https://github.com/yeonahki/cctv)에 업로드하였습니다. 다운로드 받아 활용하여 자신만의 멋진 CCTV만들 수 있기를 바랍니다. 관련하여 문의사항있다면 이메일(yh4571@gmail.com)로 문의 주시기 바랍니다.

이 책을 쓰며 중요하게 생각한 것은 다음과 같습니다.

첫째, 라즈베리파이를 설정하여 나만의 작은 컴퓨터로 사용할 수 있습니다. 시중에 나온 다양한 교육용 보드와 달리 라즈베리파이는 조그마한 컴퓨터입니다. 그렇기 때문에 메이킹 도구로 활용하지 않더라도 웹 서핑, 문서 작업용도로도 활용이 가능합니다. 이 책의 일부는 라즈베리파이를 컴퓨터로 사용하기 위한 설정을 설명하는데 할애하였습니다. 라즈베리파이를 자신만의 컴퓨터로 만들어 보시기 바랍니다.

둘째, 라즈베리파이와 여러 전자 부품을 연결할 수 있습니다. 라즈베리파이와 전자 부품을 연결하여 활용할 수 있도록 주변기기부터 활용방법까지 다루었습니다. CCTV 제작 뿐 아니라 각 전자 부품을 결합하여 다른 메이킹에도 활용할 수 있습니다.

셋째, 라즈베리파이에서 활용할 수 있는 다양한 응용 소프트웨어를 설명합니다. 라즈베리파이의 큰 장점 중 하나는 다양한 프로그래밍 언어와 다양한 응용 소프트웨어를 설치하여 사용할 수 있다는 점입니다. 이를 통하여 MCU(Micro Control Unit)과 달리 IoT 기능을 쉽고 빠르게 구현할 수 있습니다. 이 책에서는 라즈베리파이와 응용 소프트웨어를 결합하였을 때 어떤 멋진 작품을 만들 수 있는지 맛볼 수 있게 구성하였습니다.

이 책은 제 이름으로 출간되지만 많은 분들의 도움이 있었습니다. 이 책의 감수와 CCTV 3D 모델링에 도움을 준 서큘러스 팀원 박종건, 이윤재, 김현영에게 감사의 인사를 드립니다. 예정보다 집필 작업이 늦어졌는데도 응원해주시고 끝까지 지켜봐주신 양종엽 팀장님와 디지털북스에게도 감사의 인사를 드립니다. 마지막으로 항상 저의 큰 힘이 되어주는 사랑하는 가족들에게 감사의 인사를 드립니다.

저자 기연아

차 례 ●━━━

PART  1

아이디어를
현실로 만드는
메이커 문화

CHAPTER
001 | 메이커란 무엇인가요?

2015년 메이킹한 작품을 크라우드 펀딩 사이트에 올린 적이 있다. 그때 한 신문사에서 기사를 내주신 적이 있는데, 메이커란 단어에 대해 문의를 하신 분이 있었다. 본인이 생각하는 메이커는 특정 브랜드를 지칭하는 말인데, 다른 의미가 있는지 궁금해하는 내용의 문의였다. 2년이 지난 지금도 메이커를 떠올리면 대기업이나, 특정 브랜드를 떠올리는 분들이 많이 있다. 종종 출강하여 '메이커에 대해 아시는 분? 메이커 문화에 대해 들어보신 분?'이라고 물어보면 절반 이상이 잘 알지 못한다고 대답한다.

메이커가 뭘까? 메이커 문화는 무엇일까? 많은 사람들이 잘 모른다고 대답했지만 메이커와 메이커 문화는 TV, 언론을 통해 많이 다루어지고 있다. 단지 그 단어가 익숙하지 않을 뿐이다. 메이커는 2005년 해외 잡지인 [메이크] 매거진을 통해 소개된 단어로 [Make + er]의 합성어이다. 간단하게 이야기하면 만드는 사람을 의미한다. 이렇게 얘기하니, 우리 모두는 메이커가 아닐까 하는 생각이 든다. 이 책을 쓰고 있는 필자도, 이 책을 읽고 있는 당신도 무언가를 만들어본 기억이 있을 것이다. 필자에게는 어린 시절 가지고 있는 인형들의 집이 없어서 책꽂이의 책들을 다 꺼내고 그 안에 수수깡, 도화지 등을 이용해 인형의 집을 만들어준 기억이 있다. 그때가 유치원생이었을 때니, 꽤 오래 전부터 메이커 활동을 시작했다. 이렇게 우리는 인지하고 있지 못하지만 메이커로 살고 있다.

⚓ DIY 활동

메이커라는 단어는 2005년부터 쓰이기 시작했지만 이러한 활동은 그 이전부터 시작되었다. DIY(Do It Yourself) 활동에 대해 들어본 적이 있을 것이다. DIY 활동이 인테리어나 가구 조립이나 무언가를 리폼하는 것 등이 주를 이루었다면, 메이커는 3D 프린터, 레이저 커터, CNC 등의 디지털 장비와 아두이노, 라즈베리 파이 등의 오픈소스 하드웨어를 결합한 디지털 DIY 활동으로 그 영역이 확대되었다. 그리고 기꺼이 만드는 방법을 공유하고 즐기는 문화까지 더해졌다.

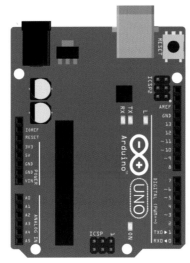
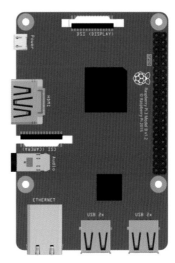

⬇ 아두이노 vs. 라즈베리파이

● 오픈소스 하드웨어

누구나 하드웨어의 디자인이나 이 디자인에 근거한 하드웨어를 배우고, 수정하고, 배포하고, 제조하거나 팔 수 있도록 그 디자인이 공개된 하드웨어를 말한다. 하드웨어를 만들기 위한 디자인 소스는 그것을 수정하기에 적합한 형태로 구할 수 있어야 한다. (http://www.oshwa.org 발췌)

엄밀히 말하면 라즈베리파이는 그 라이센스를 공개하지 않았기 때문에 오픈소스 하드웨어는 아니다. 하지만, 교육/메이킹 분야에 사용되고 있는 초소형 보드를 오픈소스 하드웨어라고 칭하고 있으니 같은 범주에 넣도록 한다.

이러한 배경에는 디지털 장비와 도구, 하드웨어의 가격이 저렴해지고 메이커스페이스를 통해 누구나 이러한 문화를 쉽게 접할 수 있는 환경이 뒷받침하고 있다. 메이커스페이스에 대해서는 뒤에서 좀 더 자세히 살펴보도록 하자. 메이커는 특정 연령, 성별을 가리지 않으며, 만들기를 좋아하는 사람들로 구성되어 있다. 이러한 특징에 따라 단순히 재미있는 작품, 생활 속 불편함을 해결하는 작품부터 로봇, 자동차, 드론, 증기기관차 등 규모가 남다른 작품까지 다양하다. 특히 해외의 경우, 차고 문화를 바탕으로 이러한 문화가 발전하였으며, 요즘은 국내외의 메이커스페이스를 통하여 메이커 활동, 메이커 운동이 확산되고 있다.

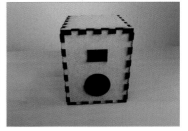

⬇ 직접 만든 다양한 메이킹 작품

위 사진은 모두 필자와 팀원들이 함께 만든 메이킹 작품이다. 대부분의 작품은 실생활에 필요한 것을 아두이노나 라즈베리파이를 이용해 만든 것이다. 필자가 만든 것은 대부분 소형 메이킹 작품이지만 각 메이커가 추구하는 방향, 성향에 따라 이렇게 작은 것부터 거대한 것까지 다양한 작품이 만들어진다.

메이커 운동(Maker Movement)이란?

메이커 운동이란 메이커들이 모여 자신들이 만든 것을 공유하고 발전시키는 문화이다. 메이커 운동을 통해 온/오프라인에 자신들의 작품을 공유하고 함께 하는 커뮤니티가 계속하여 생기고 있고, 메이커를 위한 행사 중 하나인 메이커 페어를 통해 많은 메이커들이 자신들의 작품과 경험을 공유하며 문화 확산에 힘쓰고 있다.

1 메이커스페이스(Makerspace)

해외의 경우, 메이커 문화는 차고 문화에서 시작되었다고 해도 과언이 아니다. 집집마다 차고가 있는 경우가 많기 때문에 멀리 갈 필요 없이 그 안에서 필요한 것을 만들고 수리하며 자신만의 메이킹 활동을 시작한 사람이 많다. 그렇기 때문에 굳이 거창한 것을 만들지 않더라고 자신의 집에 필요한 가구를 고치거나 만들고, 차를 수리하는 등 자연스럽게 메이킹 문화가 확산되었다. 하지만 메이커 활동을 하기에 필요한 다양한 디지털 도구를 갖추고 있는 사람이 많지 않다. 메이커스페이스를 이용하면 장소와 장비의 제약에 대해 일정 부분 해소할 수 있다. 메이커스페이스가 무료 혹은 유료로 다양한 장비와 공간을 제공하기 때문이다. 모든 메이커스페이스가 동일한 장비를 보유하고 있는 것은 아니지만, 많은 메이커스페이스에서 다음과 같은 장비군을 보유하고 있다.

● 3D 프린터

 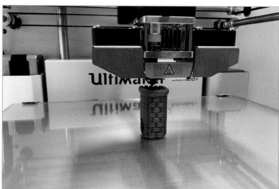

⬇ 3D 프린터

3D 프린터만 갖추고 있는 메이커스페이스가 있을 정도로 가장 대중적으로 알려진 장비 중 하나이다. 기존의 프린터가 종이 위에 잉크로 글자나 그림을 새겨 출력하는 방식이었다면, 3D 프린터는 입체(x, y, z축)로 3D 모델링한 파일을 형상 그대로 출력한다. 프린터의 헤드(노즐)가 x, y, z 축으로 움직이며 재료를 쌓아 올리는 FDM 방식이 보편적인 사용 방법이며 출력 방식에 따라 FDM, SLA, SLS 등으로 구분한다. 출력에 사용하는 재료 역시 플라스틱(PLA, ABS) 뿐 아니라 나무, 금속, 가루 등 다양하다. 작은 피규어 출력부터 건축물, 수술 모형 제작에 이르기까지 다양한 분야에서 사용되고 있다.

3D 프린터는 가장 대중적인 디지털 제작 도구이지만 모델링 방식, 프린터 사용법에 따라 정밀하게 출력이 되지 않을 수 있다. 필자 또한 처음 3D 프린터를 사용했을 때 원하는 것을 모두 만들 수 있을 것이라는 기대감이 컸는데 막상 출력을 해보니 원하는 출력물이 나오지 않아 실망감이 더 컸다. 하지만 프린팅의 특성에 맞게 모델링을 수정하고 프린터 설정값을 바꾸며 시행착오를 거치니 더 나은 결과물을 만들 수 있었다. 3D 프린터가 만능이 아니라는 것만 기억하고 시간을 투자한다면 원하는 결과물을 얻을 수 있을 것이다.

● 레이저 커터

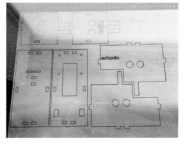

⚓ 레이저 커터

장치에서 나오는 레이저를 통해 나무, 종이, 아크릴 등의 재료를 자르거나, 조각할 수 있는 기계이다. 레이저 커터의 헤드가 x, y, z축으로 움직이며 작업을 수행하고 레이저의 속도와 세기에 따라 재료를 자르거나 조각한다. 레이저 커터는 책상 위에 올려두고 쓸 수 있을 정도로 작은 것부터 공장 한 켠을 다 채울 정도로 큰 것까지 크기가 다양하다.

장비를 안전하게 사용하지 못할 경우(레이저 세기, 높이 조절 실패, 혹은 잘못된 재료 선정으로 인한 문제 발생) 레이저에 의해 화재가 발생할 수 있으므로 주의하여야 하며, 항상 환기를 시키는 것이 중요하다. 2D로 자르거나 조각을 하는 경우, 동일한 것을 3D 프린터로 출력하는 것 보다 작업 시간이 빠르다. 레이저 커터에 따라 사용하는 프로그램이 다르다. 일반적으로 ai, dxf 파일과 호환이 되기 때문에 해당 파일로 변환할 수 있는 프로그램을 사용하는 것을 권한다.

● CNC(Computer Numerical Control)

CNC(Computer Numerical Control)는 컴퓨터로 수치를 제어한다는 의미로 가공할 재료를 이동할지, 공구를 이동하는지에 따라 선반과 밀링으로 구분된다. 목재, 금속을 가공하는데 많이 사용되며, 원판을 밀링 또는 재료가 이동하며 조각하는 방식이다. 레이저 커터가 자르거나 그을림으로 조각하는 방식이었다면, CNC는 헤드를 이용하여 입체적으로 재료를 조각하거나 파내는 방식이다. CNC에 연결하는 공구에 따라 가공되는 세밀함이 다르므로 알맞

⚓ 다양한 CNC 헤드

는 공구를 헤드에 연결하는 것이 중요하다. CNC 또한 제조사 별로 사용하는 소프트웨어가 다르므로, 어떤 파일로 변환해야 할지 미리 확인이 필요하다.

● 기타 수공구

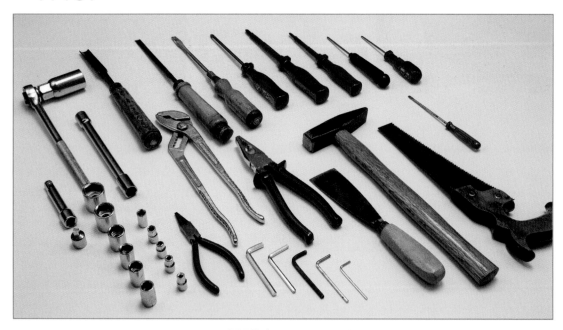

⚓ 수공구(출처 : http://Pixabay.com)

메이커스페이스에서는 앞에서 설명한 디지털 제작 도구뿐 아니라, 망치부터 드라이버, 줄톱, 니퍼, 팬치 등 간단한 작업에 필요한 수공구도 비치되어 있다. 메이커스페이스마다 보유하고 있는 수공구 종류는 다르며, 일부 메이커스페이스에서는 별도의 수공구를 비치하지 않은 곳도 있다.

이러한 디지털 장비 중, 가장 유명하고 대중적으로 사용되고 있는 것은 3D 프린터이다. 하지만 '메이커 활동 = 3D 프린터'는 아니다. 3D 프린터는 메이커들이 사용하는 장비 중 하나일 뿐, 최고의 장비라고 단정지을 수는 없다. 사실 이러한 장비들은 산업 분야에서 일찍부터 사용되고 있던 것들이다. 서울의 종로, 을지로 지역에 있는 아크릴 관련 가게나, 홍대 앞 미술 공방에서도 볼 수 있는 장비들도 있다. 메이커 문화로 인해 이러한 장비를 누구나 쉽게 접할 수 있게 된 것이다.

장비를 이용하기 앞서 대부분의 메이커스페이스에서는 안전 교육 및 장비 사용법에 대한 교육을 진행한다. 누구나 메이커가 될 수 있다고 했지만, 장비 사용에 따라 화재나 상해가 발생할 수 있기 때문에 필수적으로 충분한 교육이 필요하다.

메이커스페이스에서는 장비 사용 외에도 다양한 활동이 이루어진다. 워크샵이나 밋업(meet up) 행사를 통해서 다양한 메이커를 만나고 새로운 지식을 쌓을 수도 있다. 메이커 문화에 관심이 있다면, 주변 메이커스페이스를 방문하여 장비 활용부터 다양한 행사에 참여해보는 것을 추천한다.

메이커스페이스에서 이루어지는 다양한 활동

국내는 정부에서 각 지자체에 공공 메이커스페이스를 많이 보급하였다. 대부분 무료로 운영되고 교육을 병행하고 있기 때문에 처음 메이커 활동을 시작하는 분들이 접근하기 좋다는 장점이 있다.

민간에 의해 유료로 운영되고 있는 메이커스페이스도 있다. 대부분의 경우 월 사용료를 받아 멤버십 형태로 이루어지고 있다. 유료 메이커스페이스의 경우 매니저에 의해 장비 상태 유지가 더 잘되고 상주하는 메이커가 많기 때문에 메이커들 간의 네트워킹이 잘 된다는 장점이 있다.

국내 메이커스페이스에 대한 정보는 '메이커들을 위한 지도' 웹페이지와 '메이크올(http://makeall.com)' 사이트에서 확인할 수 있다. '메이크올' 사이트에 의하면 2017년 현재 국내에 113개의 메이커스페이스가 있다.

※ 아래 표기된 장비와 지역선택 후 장비/시설 찾기 버튼 클릭 하시면 됩니다.

장비선택 　　　　　　　　　　　　　　　　　　　　　　　　　　　　 ⟳ 지우기

☑ 3D프린터　☑ 3D스캐너　☑ 레이저커터　☑ CNC　☑ 아크릴절곡기　☑ 밀링머신　☑ 용접기　☑ 스카시톱　☑ 비닐커터기
☑ 앵글그라인더　☑ 직소　☑ 커팅플로터　☑ 종이제단기　☑ 라우터　☑ 소형선반　☑ 레이저프린터　☑ 컴프레셔　☑ 절곡기

⌄

지역선택 　　　　　　　　　　　　　　　　　　　　　　　　　　　　 ⟳ 지우기

전국(113)　서울(26)　경기(16)　인천(5)　대전(5)　대구(5)　부산(9)　울산(2)　광주(8)

세종(2)　강원(5)　충북(4)　충남(7)　경북(8)　경남(4)　전북(4)　전남(2)　제주(1)

장비/시설 찾기

⚓ 메이크올(http://makeall.com)에서 메이커스페이스 검색하기

'메이커들을 위한 지도'를 이용하여 전국 메이커스페이스와 가공대행업체, 재료 판매 업체 등 다양한 정보를 얻을 수 있다. 구글에서 누구나 편집이 가능하기 때문에 만약 내가 알고 있는 곳이 지도에 표시되어 있지 않다면 추가할 수 있으며, 잘못된 정보가 올라와 있다면 수정할 수 있다.

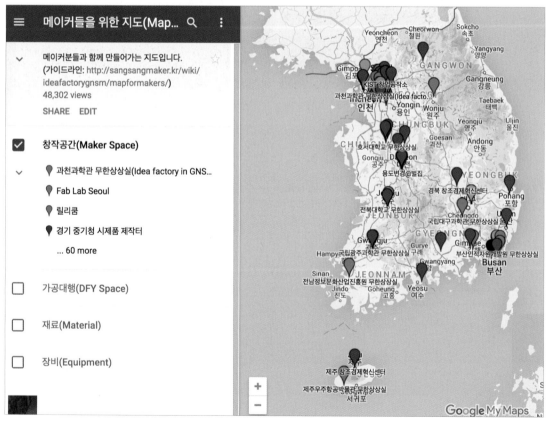

⚓ google map에서 확인할 수 있는 국내 메이커스페이스 검색하기

2 메이커 페어(Maker faire)

메이커 운동의 정신을 가장 잘 나타내고 있는 행사 중 하나가 바로 메이커 페어다.

Maker Faire®

⚓ 메이커 페어 로고

메이커 페어 공식 사이트(http://www.makerfaire.com)에서는 본 행사를 다음과 같이 소개하고 있다. "메이커 페어는 지구상에서 가장 위대한 행사입니다. 이 축제는 발명품, 창의력 및 무한정한 재료로 함께 하는 가족 친화적인 축제이며 메이커 운동의 축하 행사입니다." 한 마디로 메이커가 중심이 되는, 메이커를 위한, 메이커들의 축제이다.

⚓ 해외 메이커 페어

2006년에서 열린 미국 캘리포니아 주 산 마테오(베이 에어리어)에서 제 1회 메이커 페어를 시작으로 12년째 열리고 있다. 현재 이 행사는 미국 뿐 아니라 전 세계로 확대 진행되고 있으며, 참가 인원, 참가 국가 또한 계속하여 확대되고 있다. 메이커 운동이 활발한 미국의 경우, 백악관에서 직접 메이커 페어를 열고, 오바마 대통령이 직접 축사를 전하기도 하였다.

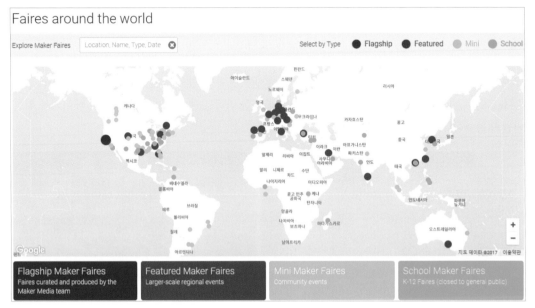
⚓ 전 세계 메이커 페어 지도

메이커 페어에 나오는 작품들은 우리의 상상을 뛰어 넘는 것들이 많다.

한국에서도 2012년부터 해마다 메이커 페어 행사가 열리고 있다. 지난 2016년 메이커 페어 서울에는 약 150여개 팀이 참가하였으며, 매 년 그 규모가 커지고 있다.

현재는 국내의 언론매체인 블로터가 운영을 맡아 행사를 진행하고 있다. 메이커 페어 서울의 역사는 오래되지 않았지만, 남녀노소가 모두 즐길 수 있는 전시품이 많이 있다. 다양한 전시품과 함께 메이커 페어 서울에서만 즐길 수 있는 재미난 행사도 있어, 매년 그 행사가 기대된다.

⚓ 국내 메이커 페어

③ 공유 문화

메이커 문화는 자신의 작품을 공유하고 더 많은 사람에게 이것이 전달되는 문화를 지향한다. 이러한 정신/

문화에 따라 온, 오프라인에 자신의 작품 및 노하우를 공유하는 사이트, 커뮤니티가 많으며, 이번 책에서는 그 중 대표적인 온라인 사이트를 소개한다.

● Thingiverse(싱기버스)

세계 최대 3D 프린터 업체인 메이커봇에서 운영중인 플랫폼으로, 온라인을 통해 누구나 자신의 3D 모델링 파일을 공유할 수 있다. 모델링 파일을 최초로 공유하는 사람에게 기본적으로 저작권이 있으며, 저작권자의 정책에 따라 모델링 파일을 상업적 혹은 비상업적으로 활용할 수 있다. 별도의 회원 가입은 필요하지 않다.

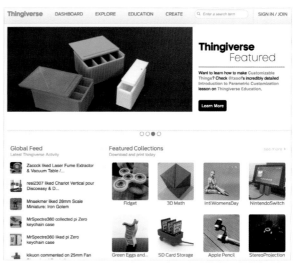

⚓ 싱기버스(http://thingiverse.com)

● Instructables(인스트럭터블스)

다양한 분야의 DIY 작품을 공유하는 플랫폼으로, 어떤 재료로 어떤 과정을 거쳐 제작했는지 블로그 형식으로 글과 영상을 남길 수 있다. 기술 분야 뿐 아니라 종이 접기, 인테리어 등의 다양한 DIY 제품 분야도 올라와있어 활용도가 높다.

⚓ 인스트럭터블(http://instructables.com)

● Makeall(메이크올)

한국과학창의재단에서 운영하고 있는 플랫폼으로 다양한 메이커들이 공유한 제작 후기를 확인할 수 있다. 해외에 비하면 그 규모는 작지만, 실력 있는 메이커들이 공유한 작품을 볼 수 있으며, 국내 메이커 문화 동향 및 행사 일정을 확인할 수 있다.

⚓ 메이크올(http://makeall.com)

PART **2**

나만의
소형 컴퓨터를 만드는
라즈베리파이

'라즈베리파이, 먹는 건가요?'
라즈베리파이 단어를 듣게 되면 사실 제일 먼저 새콤달콤
한 라즈베리가 듬뿍 올라간 맛있는 라즈베리파이가 떠오
른다. 하지만 우리가 함께 살펴볼 라즈베리파이는 그동안
알던 것과는 전혀 다르다.

라즈베리파이(Raspberry Pi)는 케이스가 없는 컴퓨터 본체
라고 할 수 있다. 컴퓨터를 분해한 것 같은 녹색 기판 위에
여러 입출력 장치와 핀들로 구성된 이 보드가 35달러짜리
교육용 컴퓨터, 라즈베리파이다. 이 컴퓨터는 영국의 라즈

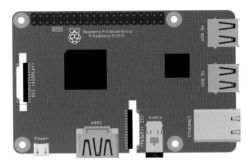

⚓ 라즈베리파이

베리파이 재단에서 만들어졌다. 컴퓨터 크기만큼이나 귀여운 라즈베리파이 이름은 라즈베리라는 과일 이름
과 프로그래밍 언어인 파이썬 두 개의 단어가 합쳐서 생긴 이름이다.

라즈베리파이는 신용카드 한 장 정도되는 크기로, 누구나 이 컴퓨터를 이용하여 ICT(Information &
Communication Technology) 교육을 받을 수 있도록 전 세계에 보급되고 있다. 데스크탑의 가격이 저렴해
지고 성능이 좋아지고 있는 현 시점에서 이런 조그만 컴퓨터가 왜 필요할까? 라즈베리파이는 교육의 기회가
균등하지 못한 지역에 최소한의 필요 기능과 성능을 갖춘 교육용 컴퓨터를 제공하며 2016년 9월을 기준으
로 1천만대 판매를 돌파하기도 했다.

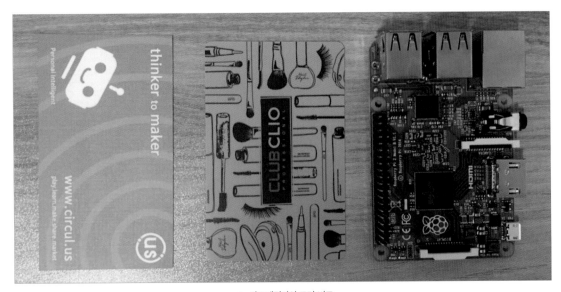

⚓ 라즈베리파이 크기 비교

라즈베리파이는 2012년 4월 첫 번째 모델인 라즈베리파이 1B 모델을 시작으로 총 8개의 모델(컴퓨팅 모듈 제외)을 출시했다. 가격은 각 모델별로 조금씩 다르지만 하드웨어 구성을 모두 갖춘 B 모델이 35달러로 가장 높은 가격을 유지하고 있다. 라즈베리파이는 35달러라는 가격대를 유지하면서 새로운 모델이 출시될 때마다 더 좋은 성능을 가진 보드를 선보인다. 이 책을 집필하는 시점에 라즈베리파이 재단은 듀얼 밴드 WiFi 등 네트워크 기능을 강화한 라즈베리파이 3B+ 모델의 출시를 발표했다. (2018년 3월 기준)

현재까지 출시된 라즈베리파이 각 모델의 성능을 살펴보면 아래와 같다.

	1B	1A	1B+	1A+	2B	제로	3B	제로 W
출시일	2012/4	2013/2	2014/7	2014/11	2015/2	2015/11	2016/2	2017/2
가격	35달러	25달러	25달러	20달러	35달러	5달러	35달러	10달러
아키텍쳐	ARMv6				ARMv7	ARMv6	ARMv8	ARMv6
SoC	Broadcom BCM2835				Broadcom BCM2836	Broadcom BCM2835	Broadcom BCM2837	Broadcom BCM2835
CPU	700MHz, Single-core				900MHz, Quad-core	1GHz, Single-core	1.2GHz, Quad-core	1GHz, Single-core
메모리	512MB	256MB	512MB		1GB	512MB	1GB	512MB
USB 2.0	2	1	4	1	4	1(Micro)	4	1(Micro)
비디오포트	HDMI, Composite					Mini-HDMI	HDMI, Composite	Mini-HDMI
오디오포트	HDMI, Analog					Mini-HDMI	HDMI, Analog	Mini-HDMI
이더넷	10/100	N/A	10/100	N/A	10/100	N/A	10/100	N/A
와이파이	N/A						YES	YES
블루투스	N/A						YES	YES
SD card	SD	Micro SD						
GPIO	26				40			
사용 전력	700mA	300mA	600mA	200mA	800mA	200mA	800mA	350mA

라즈베리파이 버전 별 스펙

스펙을 살펴보니 라즈베리파이의 성능이 기대보다 높다는 것을 알 수 있다. 라즈베리파이 재단은 컴퓨터로 사용하기에 부족함이 없을 정도로 성능 향상에 힘을 기울이고 있다. 다양한 오픈소스를 활용하여 문서 작업, 인터넷 등의 호환성을 높이고 있으며 새로운 기능들이 추가되고 있다. 라즈베리파이를 이용하여 누구나 저렴하게 자신만의 소형 컴퓨터를 만들 수 있다.

그럼, 교육용 컴퓨터인 라즈베리파이가 메이커 문화와 어떤 관련이 있을까? 사실 라즈베리파이는 아두이노와 함께 메이커들이 사랑하고 많이 쓰는 보드 중 하나이다. 어떤 장점으로 인하여 이렇게 널리 활용되고 있을까?

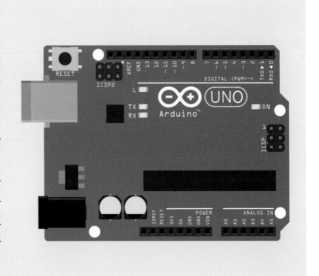

● **아두이노**

싱글 마이크로 컨트롤 보드(Single micro control board)의 하나로 대표적인 오픈소스 하드웨어이다. 아두이노는 처음 하드웨어에 익숙하지 않은 디자인과 학생들에게 자신들의 작품을 쉽게 제어할 수 있도록 제작되었다. 실제로 전공자가 아닌 사람도 쉽게 사용할 수 있을 만큼 아두이노 조작법은 매우 간단하다.

아두이노에 다양한 전자 부품을 연결하여 그 값을 받아 들이고, 제어할 수 있다. 간단한 시스템을 구축하여 제품화까지 진행할 수 있는 똑똑한 보드이다. 이러한 장점으로 인하여 교육용부터 시제품 제작까지 넓은 분야에서 활용되고 있다.

● 저렴한 가격

라즈베리파이 3B 모델의 공식 가격은 35달러이다. 현재 국내에서 라즈베리파이를 구입한다고 하면 4만원 중후반 가격대부터 구입할 수 있다. 저렴하게 출시된 크롬북과 비교해보아도 최소 1/5가격이며, 주변기기를 포함한다고 하여도 20만원 내로 일반 PC와 같이 구성할 수 있다.

● 처리 성능

라즈베리파이는 컴퓨터이다. 전자 부품 제어 용도로 널리 쓰기는 마이크로 컨트롤 보드와 비교하였을 때 처리할 수 있는 양과 속도에서 차이를 보인다. 메이커들이 많이 쓰는 보드 중 하나인 아두이노와 비교해보자. 아두이노는 컴퓨터가 아니기 때문에 운영체제가 올라가지 않는다. 처리 속도 및 메모리 등 성능이 떨어지기 때문에, 작은 규모의 전자 부품과의 통신 제어 등에 주로 사용된다.(아두이노 또한 굉장히 매력적인 보드라고 할 수 있다.)

하지만 우리가 이 책을 통해 만들려고 하는 CCTV를 생각하면 이야기가 달라진다. 우리는 영상을 찍고 그 정보를 원격에서 확인할 수 있어야 한다. 이런 역할을 담당하기에는 아두이노보다 라즈베리파이가 더 적합하다. 라즈베리파이는 마이크로 컴퓨터이기 때문이다.

또한, 라즈베리파이는 SoC(System on Chip)을 가지고 있다. SoC(System on Chip)는 하나의 칩 위에 하드웨어 제어, 그래픽, 영상처리, 수치 해석 등이 포함되어 있어 각 기능별로 별도의 칩을 설치할 필요 없이 사용할 수 있는 것을 말한다. 또한 메모리 저장공간이 더 크기 때문에 복잡한 일을 처리할 때 더 빠른 성능을 보인다.

	라즈베리파이 3	아두이노 우노
성격	마이크로 컴퓨터	마이크로 컨트롤러
개발언어	Python, C/C++, Java, Javascript …	C++
IDE	X (전용 툴은 없음)	O (Arduino IDE)
프로세서	ARM	ATMega 328
속도	1.2GHz (Quad)	16MHz
RAM	1Gbyte	2Kbyte
USB	USB 2.0 X 4	N/A

라즈베리파이와 아두이노의 비교

● 생태계 구성

라즈베리파이 출시 이후, 인텔, 삼성 등에서 비슷한 스펙과 기능을 가진 보드가 대거 출시되었다. 심지어 어떤 것들은 라즈베리파이 보다 성능이 더 우수하기도 하다. 하지만 아직 라즈베리파이 만큼 큰 생태계를 가지고 있는 컴퓨팅 보드는 없다.

여기서 말하는 생태계는, 자료의 축적 정도를 의미한다. 생태계가 클수록 운영체제가 계속해서 업데이트가 되어 안정화 작업이 꾸준히 일어나고 필요한 것을 검색했을 때 참고할 수 있는 자료의 양이 충분해진다. 라즈베리파이에 들어가는 운영체제는 리눅스 계열의 데비안(Debian)을 커스터마이징하여 사용하기 때문에 활용할 수 있는 오픈소스 생태계 또한 잘 구축되어 있다.

● 리눅스

리눅스는 윈도우와 같은 컴퓨터 운영체제의 하나이다. 리눅스는 다중 사용자, 다중 작업, 다중 스레드를 지원하는 네트워크 운영체제이다. 리눅스 배포판은 핵심 시스템 외에 대다수 소프트웨어를 포함하며, 현재 200여 종류가 넘는 배포판이 존재한다. 리눅스는 일반 데스크톱 컴퓨터를 위한 운영체제로서도 인기가 늘어나고 있다. 이는 벤더 독립성과 적은 개발비, 보안성과 안전성 때문으로 분석된다.

널리 사용되고 있는 리눅스 배포판의 종류는 데비안, 우분투, 레드헷, 센토스, 페도라 등이 있다. 라즈베리파이의 운영체제인 라즈비안의 부모격인 데비안은 패키지 관리가 간편하며 가장 안정적인 리눅스 배포판으로 인정받고 있다.

이제 라즈베리파이의 각 구성에 대해 살펴보자. 최신 기종인 라즈베리파이 3 모델 B 기준 구성도는 아래와 같다.(2017년 5월 기준)

라즈베리파이는 기본적으로 컴퓨터의 본체와 같은 역할을 하기 때문에 모니터, 키보드, 마우스를 연결할 수 있는 단자가 있으며, 유/무선 인터넷을 연결할 수 있다. 특히, 라즈베리파이 3모델 B부터는 무선 인터넷/블루투스 모듈이 내장되어 있어 별도의 모듈을 연결하지 않아도 이 두 기능을 사용할 수 있다. 멀티미디어를 활용할 수 있도록 오디오, 카메라 인터페이스를 갖추고 있는 것도 라즈베리파이의 큰 매력 중 하나이다.

라즈베리파이가 교육과 각종 메이킹 용도로 큰 주목을 받게 된 이유는 상단에 위치한 GPIO(General Purpose Input Output)라고 하는 40개의 핀 때문이다. 이 핀에 각종 전자 부품을 연결하여 정보를 주고 받으며 다양한 기능 및 제품을 만들어 볼 수 있다. GPIO 핀과 전자 부품을 연결하여 사용하는 것을 피지컬 컴퓨팅(Physical Computing)이라고 한다. 피지컬 컴퓨팅에 대해서는 PART 4에서 좀 더 알아보자.

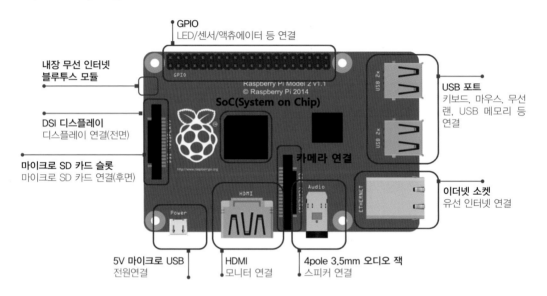

⚓ 라즈베리파이 3 모델 B 구성

● GPIO(General Purpose Input Output)

라즈베리파이와 같이 피지컬 컴퓨팅을 가능하게 하는 것이 바로 GPIO이다. 일반적으로 가정에서 사용하는 컴퓨터와 다른 점이기도 하다. GPIO 핀은 목적에 따라 입/출력으로 사용할 수 있으며 각 핀에 전자 부품을 연결하여 제어하거나 통신할 수 있다.

라즈베리파이는 컴퓨터의 본체를 담당한다. 컴퓨터를 제대로 사용하기 위해서 모니터, 키보드, 마우스와 같은 주변기기를 연결해야 하듯이 라즈베리파이도 아래와 같은 주변기기를 연결하여 컴퓨터로 사용할 수 있다. 물론 항상 이렇게 연결해서 사용해야 하는 것은 아니다. 휴대성과 사용 목적을 고려하여 기본 설정을 한 이후에는 모든 준비물이 필요하지 않을 수도 있다. 이 모든 준비물을 사용하지 않고 라즈베리파이를 사용하는 방법은 뒤에서 다시 설명하도록 한다.

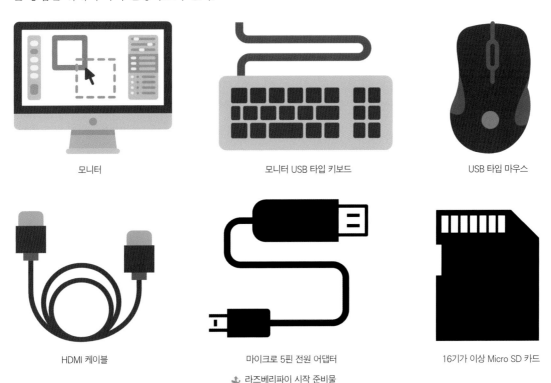

| 모니터 | 모니터 USB 타입 키보드 | USB 타입 마우스 |

| HDMI 케이블 | 마이크로 5핀 전원 어댑터 | 16기가 이상 Micro SD 카드 |

🔌 라즈베리파이 시작 준비물

각 준비물에 대해 살펴보자. 키보드와 마우스의 경우, USB 타입을 사용할 것을 권장한다. 그 이유는 PS-2 타입(아날로그 방식)의 경우 별도의 어댑터를 연결하여도 대부분 호환이 되지 않으며, 블루투스 키보드를 사용하고자 할 경우 최초 연결을 위해 결국은 USB 타입으로 최소 한 번의 작업이 필요하기 때문이다. 연결하고자 하는 모니터의 종류에 따라 HDMI 케이블은 선택할 수 있는데, 라즈베리파이를 일반 모니터와 연결하기 위해서는 꼭 한 쪽이 HDMI여야한다. 전원 어댑터는 마이크로 5핀 타입으로 모양은 일반 안드로이드 스마트 폰 어댑터와 동일하지만, 5V 2500mA 이상을 지원해야 한다. 최근 출시되는 USB-C 타입과는 다르니 반드시 마이크로 5핀인지를 확인해야한다. 라즈베리파이는 B+, 2B, 3B로 버전이 높아지면서 성능이 많이 향상되었다. 그에 따라 발열과 전력소모량이 증가하였고, 2B버전까지에 사용되던 5V 1800~2100mA 용량의 어댑터가 3B 버전에서는 동작이 원활하지 않을 수 있다. (USB 포트나 GPIO에 연결된 부품이 많으면 부팅이 제대로 되지 않거나, 중간중간 재부팅 되는 문제가 있다)

주변기기를 많이 연결할수록 전력소모량은 증가하니 5V 3100mA 정도의 어댑터를 준비하는 것도 좋다. 마지막으로 마이크로 SD 카드를 준비하여야 한다. 라즈베리파이는 별도의 하드 디스크가 없다. 운영체제를 설치하는 마이크로 SD 카드가 곧 라즈베리파이의 하드 디스크 용량이 되니, 넉넉한 크기로 준비하는 것을 권장한다. 일반적으로 사용하는 라즈베리파이 운영체제 크기가 약 4기가 정도되고, 몇몇 프로그램을 설치해야 하는 경우를 대비하여 16기가 정도의 마이크로 SD 카드를 사용할 것을 권장한다.

라즈베리파이에 운영체제를 설치하기 위해서 마이크로 SD 카드를 일반 데스크탑, 혹은 노트북에 연결하여야 한다. 대부분의 PC에 마이크로 SD 카드를 연결할 수 있는 전용 슬롯이 없으므로 추가로 어댑터를 준비하면 좋다. 어댑터는 SD 카드 타입과 USB 타입이 있으며 사용하는 PC에서 지원하는 어댑터 종류가 다르니 미리 확인이 필요하다.

라즈베리파이 3에는 기본적으로 와이파이 모듈이 내장되어 있지만, 일부 공유기와의 호환성 문제로 무선 인터넷 연결이 정상적으로 되지 않는 경우가 있다. 이 때 USB 형태의 무선 동글을 추가로 연결하면 이 문제가 대부분 해결되므로 만약 무선 인터넷 연결이 원활하지 않다면 추가로 구매가 필요하다.

CHAPTER 003 | 라즈베리파이 운영체제 설치하기

이제 라즈베리파이를 컴퓨터처럼 사용하기 위한 마지막 한 단계만이 남았다. 바로 운영체제를 설치하는 일이다. 우선 라즈베리파이 재단에서는 라즈베리파이를 사용하기 위한 여러가지 운영체제를 지원하는데, 그 중 라즈베리파이에서 가장 많이 사용되는 운영체제는 라즈비안(Raspbian)이다. 리눅스 계열의 운영체제인 데비안을 라즈베리파이에 알맞게 수정한 것으로, 라즈베리파이 모든 버전과 호환된다는 장점이 있다. 그리고 그만큼 사용자 경험이 많이 축적되어 있어 문제를 겪었을 때 해결하기 용이하다.

1 라즈비안 다운로드하기

라즈비안은 라즈베리파이의 공식 운영체제로 라즈베리파이 재단에서 운영하는 사이트(http://raspberrypi.org)에서 다운로드 가능하다. 이 사이트에서는 운영체제 다운로드 뿐 아니라 라즈베리파이 관련 메이킹 작품, 교육, 커뮤니티 활동이 활발하므로 유용한 정보를 얻을 수 있다.

⚓ 라즈베리파이 재단 공식 사이트

다운로드(DOWNLOADS) 메뉴에서 라즈비안을 다운받을 수 있다. 사실 라즈베리파이에서 동작하는 운영체제의 종류는 더 많다. 일반 운영체제로 알려진 윈도우 10 IoT 코어, 우분투 메이트 등도 있지만 처음 라즈베리파이를 사용하는 분이라면 라즈비안을 사용할 것을 권장한다. 라즈베리파이 재단에서도 라즈비안을 공식적으로 지원하는 운영체제라고 말하고 있으며, 우분투, 윈도우 10 등은 서드파티(Third party)로 구분되어 있다. 서드파티는 해당 제품을 제조하거나 계열사 또는 기술 제휴를 맺고 있는 기업 이외의 기업을 총칭하며, 여기서는 라즈베리파이에서 사용할 수 있는 운영체제를 배포하는 기업들로 이해하면 될 것 같다. 서드파티 운영체제의 경우, 각 운영체제를 배포하는 사이트로 연결되기 때문에, 해당 사이트의 내용을 확인하여 설치를 진행한다.

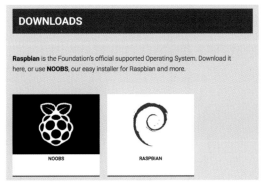

⚓ 눕스와 라즈비안

라즈비안을 설치하는 방법은 두 가지로 나뉜다.

눕스(NOOBS)는 라즈베리파이 재단에서 제공하는 인스톨러(installer)인데, 이 인스톨러 안에 운영체제 파일을 미리 복사하고 라즈베리파이를 부팅할 때 설치하는 작업을 진행하는 방식이다.

하지만, 설치하는데 시간이 오래 걸리고 네트워크 연결 등 추가 작업이 필요할 수 있기 때문에 책에서는 라즈비안 이미지 파일을 직접 다운로드하여 설치하는 방식을 소개한다. 자신의 PC에서 이미지 파일을 다운로드 받고 마이크로 SD 카드에 복사한 후, 라즈베리파이에 연결하여 사용하면 된다.

라즈비안을 클릭하면 이미지 파일을 다운로드 할 수 있는 페이지로 이동한다. 라즈비안은 다음과 같이 두 가지 종류로 나뉜다. 이 두 파일을 구분한 이유는 무엇일까?

🔖 라즈비안 제씨 위드 픽셀과 라즈비안 제씨 라이트 운영체제

라즈비안 제씨 위드 픽셀(RASPBIAN JESSIE WITH PIXEL)의 경우 일반 데스크탑처럼 사용할 수 있는 환경을 제공하다. 즉, 키보드와 마우스를 이용하여서 원하는 메뉴를 클릭하고 사용할 수 있으며, 그래픽 환경을 제공한다(GUI 제공). 또한 다양한 프로그래밍 툴, 문서 작업 툴, 인터넷, 게임, 기타 보조프로그램 등 일반 컴퓨터가 가지고 있는 기능들을 가지고 있어 처음 라즈베리파이를 접하는 사람들이 어려움 없이 사용할 수 있다. 뒤에서 함께 부팅을 해보면 더 쉽게 이해할 수 있을 것이다. 라즈비안 제씨 위드 픽셀에 포함된 기본 메뉴는 다음과 같다.

구분	프로그램
프로그래밍 툴	Java IDE, Python, Scratch…
문서 작업	리브레 오피스(MS 오피스와 호환)
게임	마인크래프트, 파이썬 게임
인터넷	크로미엄, VNC 뷰어
도움말	데비안 도움말, 라즈베리파이 도움말
보조프로그램	계산기, 파일 매니저, PDF 뷰어, 터미널, 텍스트 편집기, 그림 뷰어 등
기본 설정	소프트웨어 설치/삭제, 메뉴 편집, 메뉴 설정, 마우스/키보드 설정, 라즈베리파이 설정 등

🔖 라즈베리파이 메뉴 살펴보기

라즈비안 제씨 라이트(RASPBIAN JESSIE LITE) 같은 경우는 그래픽 환경을 제공하지 않는다. 마우스 없이 키보드 명령어로 파일 이동, 복사 등 모든 기능을 수행할 수 있는데 이러한 것을 CLI(Command Line Interface) 환경이라고 한다. 라이트 버전 운영체제의 경우, 일반사용자보다는 개발자들을 위한 것으로, 픽셀 버전에 있던 다양한 기능들이 빠져 있다. 일부 기능은 필요에 따라 설치할 수 있는 것도 있다. 다양한 기능이 빠진 대신, 용량이 작고, 더 빠르다는 장점이 있다. 픽셀 버전은 약 4.1기가 바이트, 라이트 버전은 약 1.3기가 바이트 정도의 용량을 차지한다.

제씨 위드 픽셀(Jessie with Pixel)	제씨 라이트(Jessie Lite)
그래픽 환경(GUI), 명령어라인 환경(CLI) 둘 다 제공	명령어 라인 환경 제공(CLI)
범용 사용자를 위한 다양한 기능 제공	개발에 집중, 필요한 소프트웨어 설치 필요
용량 : 4.1G	용량 : 1.3G

⚓ 라즈비안 운영체제 비교

라즈비안은 꾸준히 업데이트 작업이 일어나는데, 새로운 버전에서 어떤 기능이 추가되고 변경되었는지 확인하고 싶으면 Release notes의 Link를 눌러 그 내역을 확인할 수 있다. 또한, Release Date로 해당 운영체제가 업로드된 날짜도 알 수 있다. 설치하고자 하는 이미지 파일을 토렌트 혹은 압축 파일 다운로드의 형태로 본인의 PC에 다운로드 받는다. 이번 책에서는 라즈비안 제씨 위드 픽셀 버전을 다운로드한다.

최신 운영체제에서는 사용하던 기능이나 설정이 호환되지 않는 경우가 발생하기 때문에 우리는 2017-04-10 버전의 제씨 운영체제를 사용할 예정이다. 라즈베리파이 재단 사이트에는 가장 최신의 운영체제만 업로드되기 때문에 아래 링크[https://downloads.raspberrypi.org]에서 운영체제를 다운받도록 한다. 이 곳에서 라즈비안과 라즈비안 라이트 운영체제의 이전 버전을 찾을 수 있다. 우리가 원하는 이미지 파일을 찾기 위해서는 raspbian → images → raspbian-2017-04-10 폴더로 이동하여 2017-04-10-raspbian-jessie.zip 파일을 다운받아 압축을 해제한다.

Name	Last modified	Size	Description
AstroPi/	04-Sep-2017 15:41	-	
NOOBS/	08-Sep-2017 10:48	-	
NOOBS lite/	24-Dec-2013 10:54	-	
Raspberry Pi Education Manual.pdf	16-Sep-2013 13:51	2.8M	
arch/	08-Mar-2016 21:27	-	
data partition/	22-Jun-2014 15:35	-	
favicon.ico	12-Oct-2011 05:36	1.1K	
openelec/	12-Feb-2015 14:22	-	
openelec pi1/	14-Mar-2016 14:52	-	
openelec pi2/	14-Mar-2016 14:52	-	
os list.json	08-Sep-2017 12:04	13K	
os list v2.json	08-Sep-2017 12:04	13K	
os list v3.json	12-Oct-2017 16:31	18K	
osmc pi1/	13-May-2016 09:26	-	
osmc pi2/	13-May-2016 09:26	-	
pidora/	08-Jul-2014 16:25	-	
pixel x86/	12-Dec-2016 18:50	-	
raspbian/	08-Sep-2017 10:58	-	
raspbian lite/	08-Sep-2017 10:59	-	
raspbmc/	02-May-2015 18:17	-	
riscos/	28-Apr-2014 18:50	-	

⚓ 이전 버전의 라즈비안 운영체제 다운로드 받기

라즈비안 뒤에 붙는 "제씨"는 데비안에서 버전을 표현할 때 사용하는 코드 네임(Code name)이다. 이 이름을 라즈비안이 데비안 버전을 따라가며 사용하는 것이며, 가장 최신 버전의 라즈비안에서는 스트레치(Stretch)를 사용하고 있다.

2 라즈비안 설치하기

이미지 파일 다운로드가 끝났다면 이제 자신의 마이크로 SD 카드로 이미지 파일을 복사하는 일만 남았다. PC의 각 운영체제에 따라 설치하는 방식이 상이하므로, 본인이 사용하는 운영체제를 기준으로 설치 방법을 따라 진행한다.

● Windows

윈도우의 경우, Win32 Disk Imager라는 오픈소스 툴을 이용하여 설치할 수 있다. Win32 Disk Imager는 (https://sourceforge.net/projects/win32diskimager/) 사이트에서 무료로 다운받을 수 있다.

Win32 Disk Imager를 열고 아래와 같은 순서로 설치를 진행한다. 라즈비안을 설치할 때에는 1 → 2 → 3의 순서에 따라 설치를 진행한다. 마이크로 SD 카드가 연결된 디스크를 선택하고 다운로드 받은 이미지를 검색하여 불러온다. 그리고 Write를 누르면 설치를 시작한다. 설치 중 나오는 경고창은 마이크로 SD 카드 포맷 여부를 묻는 것이니 yes를 누르고 진행한다. 만약 사용하던 운영체제 파일을 다시 이미지 파일로 변환하고 싶으면 1 → 2 → 4의 순서로 진행한다. 이 때에는 이미지 파일로 바꿀 파일명을 별도로 정해주어야 한다. .img 형식으로 변환된 파일은 pc의 다운로드 디렉토리에 저장된다. 이렇게 사용하는 경우는 많지 않지만, 만약 사용하던 운영체제를 그대로 누군가에서 복사해서 주어야 할 경우 유용하게 사용할 수 있다.

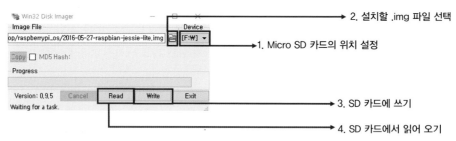

⚓ Win32 Disk Imager를 이용한 라즈비안 설치

● Mac

맥은 별도의 툴 없이 터미널에서 명령어를 이용하여 운영체제를 설치할 수 있다.

① diskutil list

diskutil은 디스크, 파티션 등을 조작하기 위한 애플의 기본 명령어로 사용가능한 모든 디스크와 파티션 정보를 확인할 수 있다. 이 명령어를 통해서 우리가 삽입한 마이크로 SD 카드의 디스크 위치를 확인할 수 있다.

```
NAHui-MacBook-Pro:~ yeonahki$ diskutil list                            ]
v/disk0 (internal, physical):
#:                       TYPE NAME                SIZE       IDENTIFIER
0:      GUID_partition_scheme                    *500.3 GB   disk0
1:                        EFI EFI                 209.7 MB   disk0s1
2:      Apple_CoreStorage Macintosh HD            499.4 GB   disk0s2
3:            Apple_Boot Recovery HD              650.0 MB   disk0s3
v/disk1 (internal, virtual):
#:                       TYPE NAME                SIZE       IDENTIFIER
0:            Apple_HFS Macintosh HD             +499.1 GB   disk1
                          Logical Volume on disk0s2
                          8CB39A41-740D-4764-A4A6-7D2DC48189A3
                          Unlocked Encrypted
v/disk2 (internal, physical):
#:                       TYPE NAME                SIZE       IDENTIFIER
0:      FDisk_partition_scheme                   *15.5 GB    disk2
1:            Windows_FAT_32 boot                 66.1 MB    disk2s1
2:                      Linux                     15.5 GB    disk2s2
```

⚓ diskutil list 명령어를 통한 디스크 위치 확인

② diskutil unmountDisk /dev/[디스크 위치]

우리가 사용할 디스크를 마운트 해제시키는 명령어이다. 앞서 /dev/disk2가 우리가 사용할 디스크라면 /dev/disk2를 마운트 해제한다. 마운트 해제란 PC에서 해당 디스크를 분리하는 작업이다. 즉, 사용하던 USB를 컴퓨터에서 분리하는 것과 같다.

```
[YEONAHui-MacBook-Pro:~ yeonahki$ diskutil unmountDisk /dev/disk2
Unmount of all volumes on disk2 was successful
```

해당 디스크 마운트 해제

③ sudo dd bs = [시간] if = [복사할 이미지 경로] of = [복사할 디스크 이름]

이제 본격적으로 이미지 파일을 마이크로 SD 카드에 복사하여야 한다. dd 명령어는 파일을 변환하고 복사하는데 쓰이는 명령어로 앞에 sudo를 붙여서 사용자 권한을 주어야 한다. bs는 초당 얼마의 파일을 복사할지 정해주는 옵션으로 4m 또는 1m면 충분하다. if와 of는 현재 이미지 파일을 어디로 복사할지 경로와 디스크 위치를 정해주는 것이다. 이 때 주의할 것은 of에 복사할 디스크 이름을 적을 때 앞에 r을 붙여야 한다는 것이다. 즉, 사용할 디스크가 /dev/disk2라면 of에는 /dev/rdisk2로 입력하여야 한다.

```
YEONAHui-MacBook-Pro:~ yeonahki$ sudo dd bs=1m if=~/Desktop/2016-09-23-raspbian-
jessie.img of=/dev/rdisk2
Password:
4147+0 records in
4147+0 records out
4348444672 bytes transferred in 306.146081 secs (14203823 bytes/sec)
```

라즈비안 이미지 복사하기

● Linux

리눅스의 경우 맥과 동일하게 명령어를 통해 이미지를 설치할 수 있다. 하지만 맥과 명령어가 조금 다르니 참고하기 바란다.

① df -f

df 명령어는 기본적으로 디스크의 용량을 확인하는 것으로, 디스크의 이름이 함께 나오기 때문에 현재 연결된 디스크의 목록을 확인할 수 있다. 마이크로 SD 카드가 삽입된 디스크의 이름은 보통 /devmmcblk0p1나 /sdX 형태로 되어 있다.

② unmount /dev/[디스크 위치]

디스크 목록에서 확인한 디스크를 마운트 해제하는 과정이다.

③ sudo dd bs=[시간] if=[복사할 이미지 경로] of=[복사할 디스크 이름]

본격적으로 이미지를 해당 디스크에 설치하는 과정이다. dd 명령어는 파일을 변환하고 복사하는데 쓰이는 명령어로 앞에 sudo를 붙여서 사용자 권한을 주어야 한다. bs는 초당 얼마의 파일을 복사할지 정해주는 옵션으로 4m 또는 1m면 충분하다. if와 of는 현재 이미지 파일을 어디로 복사할지 경로와 디스크 위치를 정해주는 것이다. 이 때 주의할 것은 of에 디스크의 이름이 /devmmcblk0p1형태였다면 /devmmcblk0으로, /sdX 형태였다면 뒤에 숫자를 뗀 후 디스크 이름을 적어 주어야 한다.

3 라즈베리파이 부팅하기

이제 설치한 라즈비안을 라즈베리파이에 연결하고 본격적으로 라즈베리파이를 사용할 준비를 할 수 있다. 마이크로 SD 카드 슬롯은 라즈베리파이 후면에 위치해 있다. 'CHAPTER 2. 라즈베리파이 시작하기'에서 준비한 주변기기들을 라즈베리파이와 연결하여 부팅한다. 모니터 연결보다 전원 연결을 먼저 할 경우, 부팅이 정상적으로 되어도 모니터 상에 그래픽 정보가 제대로 출력되지 않을 수 있으니 모든 연결을 마치고 마지막에 전원을 연결한다. 라즈베리파이는 별도의 전원 버튼이 없어서 전원 어댑터 연결 시 부팅, 해제 시 종료된다.

라즈베리파이를 부팅하면 까만 화면에 부팅 및 설정 관련 로고들이 출력된다. 이것은 라즈베리파이가 켜지면서 초기화하는 시스템 설정 정보이다. 부팅할 때 화면 좌측 상단에 산딸기 모양이 나오는데, 이 개수는 라즈베리파이의 CPU를 의미한다. 라즈베리파이 1 모델의 경우 싱글코어이기 때문에 한 개의 산딸기가, 라즈베리파이 2 이상 모델의 경우 쿼드코어이기 때문에 네 개의 산딸기가 출력된다. 코어가 여러 개라는 것은 한 번에 몇 개의 일을 처리할 수 있는지를 의미한다. 쿼드코어 즉, 4개의 코어가 있으면 동시에 4가지 일을 처리할 수 있다는 것이기 때문에 싱글코어에 비해 4배 빠르게 일을 처리할 수 있음을 의미한다.

⚓ 라즈베리파이 싱글코어, 쿼드코어 부팅 화면 비교

라즈베리파이가 정상적으로 부팅되었다면 아래와 같은 화면을 만날 수 있다. 저렴한 가격이라는 사실이 믿기지 않게 깔끔하고 예쁜 화면이 펼쳐진다.

⚓ 라즈베리파이 부팅 후, 첫 화면

4 모니터 없이 라즈베리파이 연결하기

앞에서 소개한 것처럼 모니터, 키보드, 마우스를 이용하여 라즈베리파이를 부팅하는 것이 가장 정석의 방법이다. 하지만 여러 상황을 고려할 때 항상 이러한 환경을 구성하는 것은 쉬운 방법은 아니다. 이번 장에서는 모니터 없이 라즈베리파이를 연결하여 사용할 수 있는 방법을 소개한다.

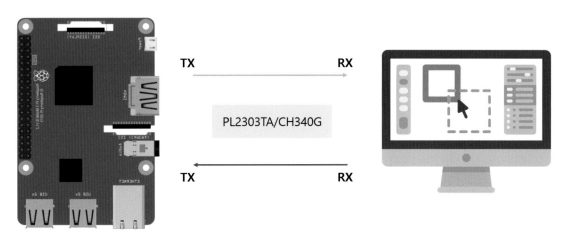

⚓ 시리얼 컨버터를 이용하여 모니터 없이 라즈베리파이 연결하기

모니터 없이 라즈베리파이를 연결하기 위해서 USB to TTL 컨버터(이하 시리얼 컨버터)가 필요하다. 시리얼 컨버터는 USB 포트를 통해 라즈베리파이와 컴퓨터/노트북 등의 기기와 통신하는 장비이다. 이를 위해 가장 흔하게 사용되는 장비는 PL2303TA와 CH340G가 있다.

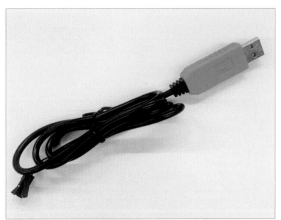

⚓ 모니터 없이 라즈베리파이 연결하기 (좌: PL2303TA/우:CH340G)

라즈베리파이에서 시리얼 컨버터를 사용하기 위해서는 이미 시리얼을 사용하고 있는 블루투스 기능을 비활성화해야한다. 라즈베리파이에 할당된 시리얼 통신 핀은 하나 밖에 없기 때문에 블루투스를 사용하며 시리얼 통신을 추가로 연결할 수 없다. 블루투스를 비활성화하는 방법은 다음과 같다.

만약 GUI 환경으로 라즈베리파이를 사용하고 있다면 바탕 화면 우측에서 블루투스 아이콘을 우클릭하여 기능을 비활성화한다.

⏚ GUI 환경에서 블루투스 비활성화하기

만약 CLI 환경으로 라즈베리파이를 사용하고 있다면 명령어를 이용하여 블루투스 기능을 비활성화한다. nano는 파일을 편집하는 텍스트 입력기 중 하나로 라즈베리파이에 내장되어 있다. 텍스트 편집기는 PART 3 에서 좀 더 다룬다.

```
pi@raspberrypi:~ $ sudo nano /boot/config.txt
```

/boot/config.txt 파일은 라즈베리파이가 부팅할 때 설정할 값을 가지고 있는 파일로 파일 맨 아래에 다음과 같이 한 줄을 추가한다.

[config.txt 파일]

```
# Enable audio ( loads snd_bcm2835)
dtparam=audio=on

dtoverlay=pi3-disable-bt  //추가
```

파일 편집이 끝난 후에는 Ctrl + X 입력하여 변경한 내용을 저장하고 파일 편집을 종료한다.

라즈베리파이를 처음부터 모니터 없이 사용하기 원한다면 라즈비안을 설치한 마이크로 SD 카드를 컴퓨터에서 분리하지 않고 설정을 할 수 있다. 라즈베리파이는 부팅할 때 /boot 디렉토리 하위의 설정을 참조하며 마이크로 SD 카드에서 해당 파일에 바로 접근하여 설정을 편집할 수 있다.

워드패드나 메모장을 이용하여 config.txt 파일을 열고 위와 같이 dtoverlay=pi3-disable-bt를 추가하고 저장한다.

⏚ 컴퓨터에서 /boot/config.txt 파일 접근하기

이제 라즈베리파이와 컴퓨터를 시리얼 컨버터를 이용해 연결해보자. 통신을 하기 위해서는 시리얼 컨버터의 드라이버 설치, 연결할 시리얼 포트 확인 및 연결의 단계를 거쳐야 한다.

● 드라이버 설치하기

PL2303TA와 CH340G를 사용하기 위한 드라이버 설치는 다음과 같다. 각 시리얼 컨버터마다 드라이버를 다운로드 받는 사이트와 운영체제에 따른 드라이버 종류가 달라지므로 설치 전 확인이 필요하다.

♨ PL2303TA 드라이버 설치하기

특히, CH340G의 경우 설치 사이트가 중국어로 되어 있기 때문에 조심해야한다. 윈도우를 사용할 경우 CH341SER.ZIP을, 맥을 사용할 경우 CH341SER_MAC.ZIP을 다운로드 받아 설치한다.

♨ CH340G 드라이버 설치하기

● 시리얼 컨버터의 포트 확인하기

라즈베리파이와 시리얼 컨버터를 연결하기 전, 윈도우와 맥 운영체제에서 각 시리얼 포트를 어떻게 인식하는지 확인하여 보자.

시리얼 컨버터를 라즈베리파이에 연결하지 않은 채 연결할 컴퓨터의 USB 포트에 연결한다. 일반적으로 컴퓨터에서 동시에 여러 USB 포트를 사용하므로, 컨버터에 연결할 시리얼 포트가 몇 번에 할당되었는지 확인이 필요하다.

① Windows

윈도우에서 연결할 시리얼 포트는 제어판의 장지 관리
자에서 확인할 수 있다. USB를 사용하는 장치들은 포
트(COM&LPT)에 표시되며, PL2303TA를 사용할 경우
Prolific USB-to-Serial Comm Port로, CH340G를 사용
할 경우 USB-SERIAL CH340으로 표시된다.

컴퓨터에 연결된 시리얼 포트는 'COM + 숫자' 형식으
로 할당된다. 시리얼 포트 번호는 영구적으로 할당되는
것이 아니기 때문에 사용하기 전에 항상 시리얼 포트의
변경 여부를 확인하여야 한다.

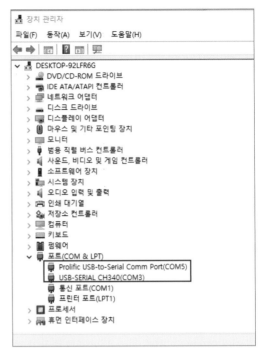

⏬ Windows에서 시리얼 포트 확인하기

② Mac

맥은 터미널에서 명령어를 이용하여 장치에 할당된 시리얼 포트를 확인할 수 있다. 사용하는 명령어는 다
음과 같다.

```
ls /dev/tty.*
```

ls 명령어는 하위 디렉토리에 어떤 파일 혹은 디렉토리가 있는지 확인하는 명령어이다. 위 명령어는 /dev
하위 디렉토리에 tty.로 시작하는 모든 파일을 검색하는 것이다. tty는 인터페이스와 같으며, USB포트에 연
결된 시리얼 컨버터를 검색하여 보여준다.

```
[YEONAHui-MacBook-Pro:~ yeonahki$ ls /dev/tty.*
/dev/tty.Bluetooth-Incoming-Port _      /dev/tty.usbserial           /dev/tty.wchusbserial1410
```

⏬ Mac에서 시리얼 포트 확인하기

검색된 세 개의 인터페이스 중 Bluetooth-Incoming-Port는 블루투스 인터페이스로 시리얼 컨버터가 연결
되어 있지 않아도 기본으로 설정되어 있다. 윈도우와 검색 결과는 달라보이지만 PL2303TA 컨버터는 tty.
wchusbserial1410으로, CH340G는 tty.usbserial로 값이 할당된 것을 확인할 수 있다.

● 라즈베리파이와 시리얼 컨버터 연결하기

이제 라즈베리파이와 시리얼 컨버터를 연결하여 모니터없이 라즈베리파이를 부팅하고 사용해보자. 라즈베리파이와 시리얼 컨버터를 연결하는 방법은 다음과 같다.

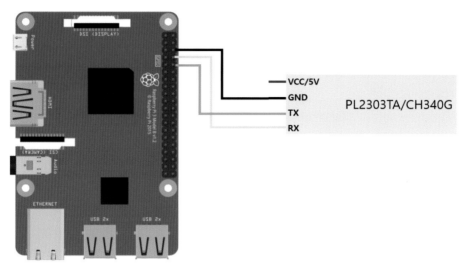

🛥 라즈베리파이와 컨버터 연결하기

PL2303TA는 색으로 CH340G는 핀 이름으로 각 의미를 표현하고 있다. 라즈베리파이와 시리얼 컨버터를 이용하여 원격의 컴퓨터와 데이터를 주고 받는 방식이기 때문에 TX(Tansmit)과 RX(Receive) 핀이 필요하다. VCC와 GND는 전원을 공급하기 위한 핀이다. 하지만 라즈베리파이는 외부 전원(5V, 2.5A)을 이미 공급받고 있으므로 VCC를 연결하지 않아도 사용할 수 있다. 만약 5V와 GND를 반대로 연결할 경우 라즈베리파이가 망가질 수 있으므로 VCC는 연결하지 않고 사용할 것을 권장한다.

	PL2303TA	CH340G
VCC	빨간색	VCC
GND	검은색	GND
TX	초록색	TXD
RX	하얀색	RXD

🛥 라즈베리파이와 시리얼 컨버터 핀 구성

시리얼 통신은 연결하는 두 장치 간의 통신 속도(baud rate)를 정하고 그 약속에 맞춰 데이터를 전송한다. 라즈베리파이는 115200의 속도를 사용하며, 미리 정해진 약속이므로 값을 함부로 변경하지 않는다.

라즈베리파이와 시리얼 컨버터를 연결하였다면 원격의 컴퓨터에서 라즈베리파이에 접속해보자. 라즈베리파이에 접속하는 방법 또한 컴퓨터에서 사용하는 운영체제에 따라 다르니, 자신이 사용하는 운영체제에 맞는 방법을 확인하여야 한다.

① Windows

윈도우에서 시리얼 통신을 하기 위해서는 PuTTY라는 툴이 필요하다. 다른 툴을 사용할 수도 있지만 PuTTY는 무료이며 사용법이 직관적인 강력한 툴이다. 시리얼 통신 외에도 SSH, Telnet 등 다양한 통신도 함께 지원한다. PuTTY는 공식 사이트(https://www.putty.org)에서 다운로드 받아 설치할 수 있다.

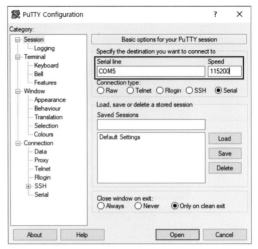

🛥 PuTTY 접속 화면

PuTTY에서 시리얼 통신을 하기 위해 Connection type을 Serial로 설정하고 Serial line과 Speed를 각각 설정한다. Serial line은 사용할 시리얼 컨버터가 연결된 COM 포트 번호를 사용하고 Speed는 라즈베리파이에 고정된 115200을 사용한다. 모든 정보를 적은 후 Open을 누르면 모니터 없이 라즈베리파이를 사용할 수 있다.

② Mac

맥은 별도의 툴 없이 터미널에서 screen 명령어를 이용하여 모니터 없이 라즈베리파이를 사용할 수 있다. screen 명령어는 Mac에 내장되어 있는 명령어로 PuTTY와 같은 역할을 한다. 명령어 사용 규칙은 다음과 같다.

```
screen [시리얼 포트 이름] [통신 속도]
```

위의 규칙에 따라 PL2303TA를 사용할 경우, 아래와 같이 설정한다.

```
screen tty.wchusbserial1410 115200
```

CH340G를 사용할 경우, 아래와 같이 설정한다.

```
screen tty.usbserial 115200
```

위와 같은 방식으로 모니터없이 라즈베리파이를 사용할 수 있다. 물론 인터넷을 검색하면 다른 방식으로 모니터없이 라즈베리파이를 사용할 수 있는 방법이 있다. 하지만, 이 방법이 네트워크 연결이나 별도의 설정을 최소화하고 사용할 수 있는 간단한 방법이다. 단, 해당 방식은 GUI 환경을 지원하지 않기 때문에 CLI 환경이 익숙하지 않은 사용자는 조금 불편함을 느낄 수 있다.

이러한 불편함을 해소하기 위하여 네트워크 연결 후 VNC를 이용하여 원격에서 GUI 환경을 사용할 수 있다. 라즈베리파이 원격 접속하기에 대해서는 뒤에서 다룬다.

인터넷 연결하기

라즈베리파이를 성공적으로 부팅했다면 가장 먼저 인터넷을 연결하여야 한다. 우리가 인터넷(LTE 또는 WiFi)을 통해 스마트 폰의 운영체제를 업그레이드하고 필요한 애플리케이션을 설치하듯이 라즈베리파이에 필요한 애플리케이션 즉, 패키지를 관리하기 위해서 인터넷 연결이 반드시 필요하다.

라즈베리파이 3는 유선과 무선 인터넷을 모두 지원한다. 특히, 이전 버전과 달리 내장된 무선 인터넷/블루투스 모듈을 통해 별도의 장비없이 무선 인터넷을 연결할 수 있다. 앞에서도 언급했지만, 내장 모듈을 통해 무선 인터넷이 연결되지 않는 경우가 있으니 문제가 발생할 때는 USB 형태의 무선 동글을 연결하기를 권장한다.

이제 라즈베리파이에서 인터넷을 연결해보자!
우리가 앞으로 설정할 모든 것은 GUI, CLI 방식에서 가능하지만 라즈베리파이를 처음 사용하는 독자들을 위하여 GUI 방식을 위주로 설명한다.

● GUI vs CLI

• GUI(Graphical User Interface, 그래픽 사용자 인터페이스)
  그림으로 된 화면 위의 물체나 틀, 색상과 같은 그래픽 요소들을 어떠한 기능과 용도를 나타내기 위해 고안한 사용자를 위한 인터페이스로 마우스와 키보드를 이용하여 모든 메뉴에 접근, 설정 가능.

• CLI(Command Line Interface, 명령어 라인 인터페이스)
  프롬프트에 사용자가 명령어를 입력하고 운영체제에 응답을 받는 방식으로 마우스 없이 키보드로 모든 처리를 수행.

1 무선 인터넷 연결하기

요즘 대부분의 장소에 무선 인터넷이 설치되어 있어 장소의 제약 없이 편하게 인터넷을 사용할 수 있다. 라즈베리파이에서는 클릭 몇 번으로 쉽고 빠르게 무선 인터넷을 설정할 수 있다.

아직 인터넷이 연결되지 않은 상태라면 라즈베라파이 화면 우측 상단 패널에서 x 표시를 볼 수 있다. x 표시가 뜬 아이콘을 클릭하여 현재 연결 가능한 무선 인터넷 AP(Access Point)를 확인해보자. 주변에 얼마나 많은 AP가 있는지에 따라 리스트에 보이는 AP 개수가 다를 것이다. 리스트에는 AP 이름과 암호화 여부, 신호 세기가 함께 표시된다. 수 많은 AP 리스트 중, 본인이 사용할 AP를 선택하고, 암호화 여부에 따라 AP의 비밀번호를 입력하면 AP에 연결되어 무선 인터넷을 사용할 수 있다.

만약 GUI 환경을 사용하지 않는다면 CLI 환경에서 /etc/wpa_supplicant/wpa_supplicant.conf 파일을 수정하여 무선 인터넷을 연결할 수 있다. wpa_supplicant.conf 파일은 연결하려는 AP의 이름과 비밀번호 등의 정보를 알고 있어야 한다.

이제 GUI, CLI 각 환경에서 어떻게 무선 인터넷을 설정할 수 있는지 자세히 알아보자.

● GUI로 설정하기

• 무선 인터넷 연결 아이콘을 클릭하여 사용할 AP를 선택한다. 처음 몇 초간은 사용할 수 있는 AP가 있는지 검색이 필요하기 때문에, 아이콘을 클릭하여도 Scanning이라는 메시지만 보이고 연결할 수 있는 AP가 보이지 않는다. 일정 시간이 지난 이후에도 AP 리스트를 정상적으로 검색하지 못한다면 무선 동글을 USB 포트에 연결 후, 다시 확인한다. 무선 인터넷을 연결하면 기본적으로 WLAN0라는 인터페이스를 갖게 된다. 만약 무선 동글을 추가로 연결한다면 내장 모듈 연결 여부에 따라 기본적으로 WLAN0과 WLAN1이 동시에 활성화될 수 있다. 두 개의 인터페이스가 모두 활성화되더라도 내장 모듈이 정상적으로 동작하지 않으면 하나의 인터페이스만 사용할 수 있다.

⚓ 사용 가능한 AP 목록 확인 및 선택

• 사용할 AP를 선택하였으면 AP에 할당된 비밀번호를 입력한다. 무선 인터넷 보안 설정에 따라 비밀번호를 입력하지 않을 수도 있다. 인터넷 연결 아이콘 모양이 부채꼴 모양으로 바뀐다면 무선 인터넷 연결이 정상적으로 된 것이다. 인터넷 창을 클릭하여 인터넷 접속이 정상적으로 되는지 확인해보자. 웹브라우저는 상단 두 번째 아이콘이나, 메뉴 → Internet → Chromium Web Browser를 클릭하면 실행된다.

⚓ 선택한 AP 연결하기

● CLI로 설정하기

△ 라즈베리파이의 터미널 화면

터미널에서 무선 인터넷을 연결할 경우, /etc/wpa_supplicant/wpa_supplicant.conf 파일에 연결할 네트워크 정보를 입력하여 설정할 수 있다. nano 명령어를 이용해 터미널을 열고 아래와 같은 명령어를 입력하여 파일을 수정한다.

```
pi@raspberry:~$ sudo nano /etc/wpa_supplicant/wpa_supplicant.conf
```

파일을 열면 그림과 같이 네트워크 설정에 대한 기본 내용이 적혀 있고, 그 아래에 연결할 무선 네트워크 정보를 입력하여 새로운 네트워크 연결을 추가할 수 있다.

△ 터미널에서 무선 인터넷 설정하기

인터넷의 암호화 방식에 따라 설정할 수 있는 네트워크 종류는 세 가지로 나뉜다. 그 중 한 가지는 현재 잘 사용하지 않는 방식이므로, 비밀번호가 있는 경우(WPA)와 없는 경우로 크게 나뉘어 입력하고 파일을 저장한다.

① 비밀번호가 있는 경우(WPA)

```
network={
ssid="연결할 AP 이름"
psk="연결할 AP 비밀번호"
key_mgmt=WPA-PSK
}
```

② 비밀번호가 없는 경우

```
network={
ssid="연결할 AP 이름"
key_mgmt=NONE
}
```

파일을 작성 후, [Ctrl]+[X]를 누르고 변경된 파일 내용을 저장하고 파일을 빠져 나온다. 네트워크 설정이 적용되기까지 약간의 시간이 걸리므로, 라즈베리파이를 재부팅하거나 아래와 같은 명령어를 입력하여 무선 네트워크 모듈을 재동작 시킨다.

```
pi@raspberry:~$sudo ifdown wlan0 혹은 wlan1
pi@raspberry:~$sudo ifup wlan0 혹은 wlan1
```

2 유선 인터넷 연결하기

유선 인터넷은 예전만큼 많이 사용하지 않는다. 유선 인터넷을 사용하려고 할 경우, 별도의 UTP 케이블을 구매하여야 하며, 공유기의 유선 포트(LAN)와 라즈베리파이의 이더넷 포트를 연결해야 한다. 유선 인터넷을 사용할 때 가장 큰 불편함은 거리의 제약이다. 연결하는 UTP 케이블의 길이 내에서 항상 다른 기기에 연결되어 있어야 하기 때문이다.

하지만, 유선 인터넷을 사용하는 장점도 존재한다. 첫째, 인터넷 속도가 빠르다. 무선 인터넷의 경우 주파수의 간섭으로 인해 인터넷 속도가 보장되지 않을 수 있다. 하지만 유선 인터넷의 경우, 다른 기기들로 인한 주파수 간섭이 적기 때문에 무선 인터넷보다 통신 속도가 보장될 수 있다. 둘째, 키보드/마우스 없이 다른 기기에서 라즈베리파이에 접속할 때 활용할 수 있다. 앞에서 라즈베리파이를 처음 사용할 때는 모니터, 키보드, 마우스를 연결하여야 한다고 말했다. 하지만, 이런 도구 없이 라즈베리파이를 원격에서 접속하여 사용할 수 있는데, 그 때 이런 유선 인터넷 연결 방법이 활용될 수 있다.

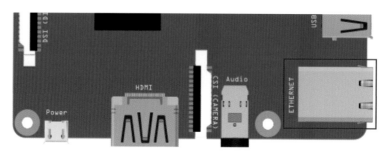

⚓ 라즈베리파이의 이더넷 포트

연결하는 인터넷이 DHCP(Dynamic Host Configuration Protocol)로 설정되어 있는 경우 IP 풀(pool)에서 사용하지 않는 IP 주소를 골라서 자동으로 IP를 할당하기 때문에 별도의 작업이 필요 없다. 만약, DHCP로 연결되지 않았다면, 수동으로 IP 주소를 할당하고 연결해주어야 한다.

● GUI로 설정하기

GUI로 유선 네트워크를 연결하는 방법은 우리가 사
용하는 일반 컴퓨터와 비슷하다. 라즈베리파이 화면
에서 네트워크 패널에 마우스 우클릭으로 Wireless &
Wired Network Settings 메뉴를 선택한다.

⚓ 네트워크 패널에서 인터넷 설정 선택하기

Network Preferences에서 수동 IP를 설정할 수 있다. 처음 창이 열리
면 모든 설정이 비어 있는 상태이므로 Configure에서 interface, eth0
를 선택한다. 만약 아무 내용도 저장하지 않고 Apply를 누르면 기본
으로 체크되어 있는 내용에 따라 자동으로 IP가 설정된다.

⚓ GUI에서 수동 IP 설정하기1

수동으로 IP를 할당하기 위해서 체크 표시를 해제하고 그림과 같이
IP 정보를 설정한다.

IP 주소는 사용하고 있는 공유기 정보를 확인 후 같은 대역에서 사
용하고 있지 않은 IP 주소를 적는다. Router는 IP 주소의 Gateway
를 의미하며 대게 IP 주소의 마지막 자리가 1로 설정되어 있다.
DNS(Domain Name System) Server는 구글에서 무료로 제공하고
있는 DNS 서비스 주소이다.

⚓ GUI에서 수동 IP 설정하기2

● CLI로 설정하기

수동 IP 주소를 설정하기 위해서는 /etc/network/ 디렉토리에 있는 interfaces 파일 내용을 수정하여야 한다. 해당 파일로 접근하기 위해서 터미널을 열고 아래와 같은 명령어를 입력하여 파일을 수정한다.

```
pi@raspberrypi:~$ sudo nanao /etc/network/interfaces
```

유선 인터넷은 eth0으로 인터페이스가 설정되는데 eth0에 어떤 IP 주소를 할당할지 설정하면 이 후부터는 라즈베리파이에 해당 IP 주소가 적용된다. 파일 변경 방식은 다음과 같다.

```
# interfaces(5) file used by ifup(8) and ifdown(8)

# Please note that this file is written to be used with dhcpcd
# For static IP, consult /etc/dhcpcd.conf and 'man dhcpcd.conf'

# Include files from /etc/network/interfaces.d:
source-directory /etc/network/interfaces.d

auto lo
iface lo inet loopback

iface eth0 inet manual

allow-hotplug wlan0
iface wlan0 inet manual
    wpa-conf /etc/wpa_supplicant/wpa_supplicant.conf

allow-hotplug wlan1
iface wlan1 inet manual
    wpa-conf /etc/wpa_supplicant/wpa_supplicant.conf
```

```
auto eth0
#iface eth0 inet manual
iface eth0 inet static
        address XXX.XXX.XXX.XXX
        netmask 255.255.255.0
        gateway XXX.XXX.XXX.1
        dns-nameservers 8.8.8.8
```

⚓ 라즈베리파이에 수동 IP 설정하기

좌측이 원래 파일 내용이고 우측 상자처럼 내용을 변경할 것이다. address와 gateway는 라즈베리파이가 연결될 네트워크의 IP 주소 대역을 참조한다. 대부분의 공유기는 192.168.X.X 또는 172.X.X.X의 형태를 갖는다. 그 대역에서 현재 사용하지 않는 IP 주소를 address에 할당하고 gateway의 경우 대부분 IP 주소의 맨 끝 자리를 1로 바꿔서 설정한다. 파일 편집을 마친 후 Ctrl+X를 눌러 변경 사항을 저장하고 나온다. 텍스트 편집기에 대해서는 (PART 3 CHAPTER 2 라즈베리파이에서 사용 가능한 텍스트 편집기 편)에서 좀 더 다룬다.

설정 후, 정상적으로 유선 인터넷이 연결된 결과는 아래와 같다. 무선 인터넷을 연결할 때와 마찬가지로 빨간 엑스로 보이던 부분이 파란색으로 바뀌면서 인터넷 연결 작업을 진행한다.

⚓ 유선 인터넷 연결하기

위의 과정을 모두 마치면 인터넷 연결이 성공한 것이다. 웹브라우저를 열어 정말로 연결이 되었는지 확인해보자.

영문 사이트의 경우 문제가 없지만 한글 사이트의 경우 인터넷은 되지만 글씨가 깨져보이는 문제가 있다. 아직 한글 폰트를 제대로 인식하지 못하기 때문에 발생하는 문제로 이번 장에서 다루는 모든 설정을 완료하면 이 문제는 해결될 것이다.

⚓ 인터넷 연결이 정상적으로 이루어졌을 때 인터넷 화면

3 IP 주소 확인하기

유선 또는 무선 인터넷을 연결하여 언제든 인터넷을 사용할 수 있는 환경을 구성하였다. 이 작업을 통해서 인터넷 서핑 뿐 아니라 라즈베리파이 원격 접속이 가능하다.

즉, 항상 모니터, 키보드, 마우스를 연결하지 않아도 라즈베리파이의 IP 주소를 알고 있으면 원격에서 다른 PC나 노트북을 이용하여 라즈베리파이로 접속이 가능하다. 라즈베리파이에서는 기본적으로 VNC와 SSH라는 방법을 통해 원격 접속을 제공하고 있다. VNC(Virtual Network Computing, 가상 네트워크 컴퓨팅)는 다른 컴퓨터를 제어하는 그래픽 데스크톱 공유 시스템으로 라즈베리파이에 GUI 모드로 접속하여 원격 제어하는 방식을 이야기한다. SSH(Secure Shell)는 암호화 기법을 사용하면서, 기본적으로는 CLI 모드로 접속하여 원격 제어하는 방식을 이야기한다. 각각은 RealVNC, Putty 두 가지 프로그램을 이용하여 사용할 수 있다.

그렇다면 라즈베리파이에 할당된 IP 주소는 어떻게 확인할 수 있을까?

먼저 라즈베리파이 화면 우측 상단에 있는 네트워크 관련 아이콘에 마우스를 올리면 IP 주소를 확인할 수 있다. 유선 인터넷일 경우는 화살표 모양, 무선 인터넷일 경우는 부채꼴 모양으로 아이콘에 표시된다. 이때 아이콘을 클릭하면 네트워크 설정으로 넘어가기 때문에 클릭이 아닌 마우스를 화면 위에 올려두어야 한다.

⚓ 라즈베리파이에 할당된 IP 주소 확인하기 1

또 다른 방법은 명령어를 이용하여 IP 주소를 확인하는 것이다. 터미널을 이용하여 해당 정보를 확인할 수 있다. 사용할 명령어는 ifconfig이며, 명령어를 입력하면 아래와 같이 각 인터페이스에 할당된 네트워크 정보

를 확인할 수 있다. 그 중 inet addr에 할당된 값이 라즈베리파이에 할당된 IP 주소이다. 무선 인터넷의 경우 wlan0 또는 wlan1, 유선 인터넷의 경우는 eth0을 확인하면 된다.

⚓ 라즈베리파이에 할당된 IP 주소 확인하기 2

마지막으로 라즈베리파이 IP 주소를 확인할 수 있는 방법은 hostname 명령어를 이용하는 것이다. hostname 은 장치에 부여된 고유한 이름을 칭하는 것으로 -I 옵션을 이용하여 라즈베리파이에 할당된 IP 주소를 확인할 수 있다.

```
pi@raspberrypi:~ $ hostname -I
192.168.0.58
```

⚓ 라즈베리파이에 할당된 IP 주소 확인하기 3

지금까지 라즈베리파이에 라즈비안이라는 운영체제를 설치하고 인터넷 연결 설정을 마쳤다. 이제 본격적으로 라즈베리파이를 사용하기 위한 필요한 작업들을 진행해보자.

패키지 관리란 무엇일까? 간단한 예를 들어보자. 스마트 폰을 구매하면 문자, 전화, 카메라 등 미리 설치되어 있는 앱이 있다. 이러한 앱 외에도 개인의 필요에 따라 게임이나 SNS 같은 프로그램을 추가로 설치하거나 삭제할 수도 있다. 또한, 설치되어 있는 애플리케이션을 업데이트 해야 하는 경우도 있다. 라즈베리파이의 패키지 관리도 이와 같다. 라즈베리파이의 운영체제인 라즈비안을 설치하면 기본적으로 약 3000개 정도의 프로그램이 설치되어 있는데 스마트폰처럼 새로운 프로그램을 추가로 설치할 수 있고, 삭제할 수도 있으며 업데이트도 할 수 있다. 이렇게 사용자가 쉽게 설치/삭제/갱신 등을 할 수 있도록 공개한 프로그램을 패키지 프로그램이라고도 한다.

라즈비안의 패키지 관리는 리눅스의 'apt-get'이라는 명령어를 사용한다. apt-get은 데비안 계열의 패키지를 관리하는데 사용하는 명령어로 설치, 삭제, 갱신 등 다양한 관리 기능을 가지고 있다. 본래 데비안 패키지는 XXXX.deb 형식인데, 이를 바이너리 패키지(실행 파일) 형태로 배포하고 설치 파일과 관련된 주변을 함께 관리하는 기능을 apt-get 명령어를 통해 간편하게 진행할 수 있다. apt-get 명령어와 관련된 명령어 모음은 다음과 같다.

서브 명령	설명
update	패키지 저장소에서 새로운 패키지 정보를 가져온다.
upgrade	현재 설치되어 있는 패키지를 업그레이드 한다.
install [패키지]	패키지를 설치한다.
remove [패키지]	패키지를 삭제한다.
download [패키지]	패키지를 현재 디렉토리에 내려 받는다.
autoclean	불완전하게 내려 받았거나 오래된 패키지를 삭제한다.
clean	임시저장 되어 있는 모든 패키지를 삭제하여 디스크 공간을 확보한다.
check	의존성이 깨진 패키지를 삭제한다.

옵션	설명
-d	패키지를 내려받기만 한다.
-f	의존성이 깨진 패키지를 수정하려고 시도한다.
-h	간단한 도움말을 출력한다.

🔩 apt-get 명령어 사용하기

라즈베리파이에 패키지를 설치하기에 앞서, 인터넷을 연결하였다면 기존에 설치된 패키지를 가장 최신으로 갱신하여 앞으로 라즈베리파이에서 작업을 할 때 애플리케이션끼리 충돌이 일어나지 않도록 한다. 이를 위해서 사용할 명령어는 apt-get update와 upgrade이다.

apt-get update 명령어는 어떤 패키지를 갱신할지 파일을 확인하고 파일을 받아오는 것까지 수행한다. 실제 패키지를 갱신하고 운영체제 버전에 따라 패키지를 추가로 설치 처리하는 명령어는 apt-get upgrade이다. 즉, 두 개의 명령어를 함께 수행하여 설치된 패키지를 모두 최신 버전으로 갱신할 수 있다.

```
pi@raspberrypi:~ $ sudo apt-get update
pi@raspberrypi:~ $ sudo apt-get upgrade
```

apt-get upgrade 명령어를 수행하면 "Do you want to continue? [y/n]" 라는 문구를 만나게 될 것이다. 패키지 갱신에 추가로 디스크 공간 할당이 필요함에 대한 동의를 구하는 것으로 'y'를 눌러 동의 후 진행한다. 처음부터 명령어에 옵션을 추가하여 이렇게 질문 단계를 거치지 않고 바로 수행할 수도 있다.

```
pi@raspberrypi:~ $ sudo apt-get upgrade -y
```

이렇게 패키지를 최신으로 갱신하였다면 앞으로 자주 사용할 패키지 관련 명령어는 apt-get install과 apt-get remove이다. 각각은 패키지를 설치, 삭제할 때 사용하는 명령어로, 명령어 뒤에 설치할 패키지 이름을 붙인다. 패키지 이름을 정확히 입력하여야 설치, 삭제가 정상적으로 이루어지므로 사용자에게 필요한 패키지 이름과 그 기능을 알고 있는 것이 중요하다.

패키지 관리 명령어를 사용할 때 명령어 앞에 반드시 "sudo"를 붙여주어야 한다. "sudo"는 현재 사용자인 'pi(라즈베리파이를 사용할 때 기본으로 설정되어 있는 사용자 계정)'에게 잠시 'root'권한을 주기 위한 것이다. 리눅스는 사용자마다 각 파일에 대하여 읽기, 쓰기, 실행하기에 대해 다른 권한을 부여할 수 있다. 'root'는 모든 것을 수행할 수 있는 슈퍼 유저(super user)로 우선은 윈도우의 관리자 권한과 같다고 생각하면 된다. 하지만 'pi'와 같은 일반 사용자는 apt-get 명령어를 통한 패키지 관리 권한이 없는 경우가 대부분이다. apt-get 명령어 뿐 아니라 프로세스 관리나 GPIO 핀 제어와 같이 시스템에 영향을 미치는 작업을 수행할 때 'root' 권한이 필요하다.

사용자에게 'root' 권한이 필요할 때 첫째, 'root'로 로그인하여 필요한 작업만 수행하고 로그아웃하거나 둘째, 사용할 명령어 앞에 "sudo"를 붙여 일시적으로 'root' 권한을 부여한다. 앞으로 명령어를 수행할 때 "sudo"가 붙는 경우를 종종 볼 수 있는데, 이런 이유로 이해하면 된다.

인터넷 연결, 패키지 업그레이드만 수행하여도 라즈베리파이를 개발 용도로 사용하기에는 충분하다. 하지만 일반 PC와 비교하기에 몇가지 부족한 부분이 보인다. 이번 장에서는 이러한 부분을 채울 수 있는 기본 설정을 함께 한다.

라즈베리파이 설정에 필요한 대부분은 메뉴 → Preferences → Raspberry Pi Configuration에 담겨있다. 설정 메뉴는 또 다시 네 개의 탭으로 분류된다. System, Interfaces, Performance, Localisation 각각에 대해서 함께 하나씩 살펴보고 설정해보도록 하자.

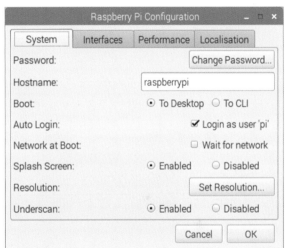

⚓ 라즈베리파이 설정 메뉴

① 키보드 레이아웃 설정하기

라즈베리파이는 영국에서 만들어졌기 때문에 설정에 관한 모든 기준도 영국으로 되어 있다. 시간, 위치 등 설정해야 할 것이 많지만, 가장 불편함을 느끼는 부분이 키보드 레이아웃이다. 키보드에서 글씨 부분은 영어를 그대로 사용하기 때문에 큰 문제가 없지만, 특수기호 부분은 우리와 영국의 배열이 다르다. 그렇기 때문에 이 부분을 바꾸는 것을 가장 먼저 설정한다.

라즈베리파이에서 키보드 레이아웃 설정 메뉴로 들어가는 방법은 두 가지가 있다.

첫째, Preferences(설정) → Mouse and Keyboard Settings(마우스와 키보드 설정) 메뉴에서 키보드 레이아웃(Keyboard Layout)을 설정할 수 있다.

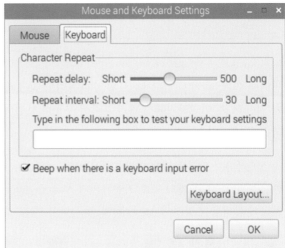

⚓ 라즈베리파이에서 키보드 레이아웃 설정하는 방법1

둘째, Preferences(설정) → Raspberry Pi Configuration(라즈베리파이 설정) → Localisation(지역) → Keyboard 메뉴에서 키보드 레이아웃을 설정할 수 있다.

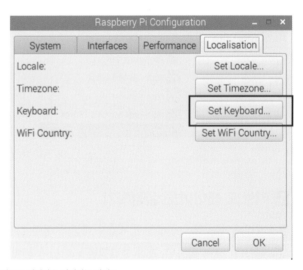

⚓ 라즈베리파이에서 키보드 레이아웃 설정하는 방법2

둘 중 어떤 방법을 선택하더라도 동일한 메뉴를 만나게 된다. 이 메뉴에서는 각 나라별 키보드 레이아웃을 선택할 수 있는데, 우리는 Country에서 Korea, Republic of를 선택하고, Variant에서 Korean을 선택한다. 모두 선택 후 OK를 눌러 해당 설정이 라즈베리파이에 적용되게 한다.

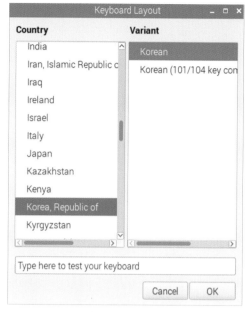

⚓ 한글 키보드 레이아웃 선택

2 라즈베리파이 비밀번호 변경하기

어떤 라즈베리파이를 구매하여도 라즈베리파이에 설정된 초기 아이디는 pi이고, 비밀번호는 raspberry이다. 만약 비밀번호를 바꾸지 않고 계속 사용하면 어떻게 될까? 나도 모르는 사이에 해킹의 위험에 노출될 수 있다. Raspberry Pi Configuration의 System 탭의 Change Password 버튼을 통해 비밀번호를 변경할 수 있다. 원하는 비밀번호로 변경할 수 있지만 "1234"와 같이 너무 짧고 단순한 비밀번호를 입력하면 경고 메시지가 나오면서 변경되지 않으니 주의하여야 한다.

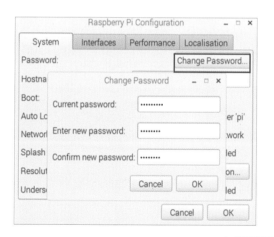
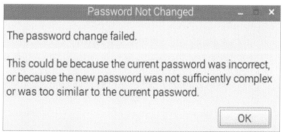

⚓ 라즈베리파이 비밀번호 변경하기

③ 라즈베리파이 부팅 모드 변경하기

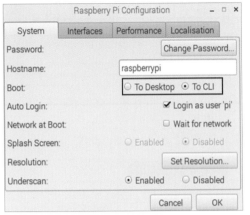

라즈베리파이 부팅 모드 변경하기

본 책에서는 라즈베리파이를 GUI 모드로만 사용하지만 라즈비안 제씨 위드 픽셀 버전은 GUI와 CLI 모드를 모두 지원한다. 따라서 사용자의 필요에 따라 픽셀 버전에 들어있는 모든 기능을 사용하면서 CLI 모드로 변환하여 사용할 수 있다.

To Desktop은 GUI 모드로, To CLI는 CLI 모드로 부팅하는 것을 의미하며 변경 후, 재부팅을 하게 되면 원하는 모드가 적용된다. CLI 모드에서는 모든 작업을 키보드를 이용해 명령어로 처리하기 때문에 터미널 화면에서 sudo raspi-config 명령어를 이용해 다시 GUI 모드로 설정을 변경할 수 있다.

혹은 CLI 모드에서 일회성으로 GUI 모드로 부팅하려면 아래와 같이 startx 명령어를 사용할 수 있다. 부팅 후 다시 To Desktop으로 변경하면 현재와 같은 부팅 모드로 사용할 수 있다.

```
pi@raspberrypi:~ $ startx
```

GUI 모드로 부팅하기 명령어

④ 라즈베리파이 인터페이스 기능 활성화하기

라즈베리파이는 다양한 전자 부품, 모듈, 원격 제어를 위한 인터페이스를 가지고 있다. 기본적으로 모든 인터페이스는 비활성화되어 있으며, 각 기능을 사용할 때 활성화하여 사용한다. 각 인터페이스의 기능은 다음과 같다.

인터페이스	설명
Camera	카메라 기능 활성화
SSH	CLI 모드로 원격 접속 및 제어 활성화
VNC	GUI 모드로 원격 접속 및 제어 활성화
SPI	SPI 활성화
I2C	I2C 활성화
Serial	Serial 활성화
1-Wire	1-Wire 활성화
Remote GPIO	Remote GPIO 활성화

라즈베리파이에서 설정할 수 있는 인터페이스 종류

여기서 SPI, I2C, Serial은 라즈베리파이가 다른 장치와 통신할 때 사용할 수 이는 통신 방식이다.

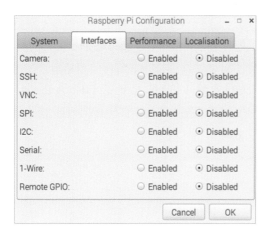

↥ 라즈베리파이 인터페이스 관련 설정 메뉴

만약 필요한 기능을 활성화하지 않고 사용하려고 할 경우 경고 메시지가 나오니 사용하기 전에 기능을 활성화는 것을 잊지 말자.

5 라즈베리파이 그래픽 성능 설정하기

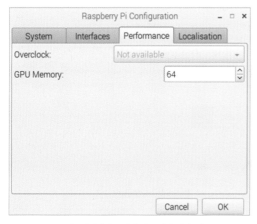

↥ 라즈베리파이 그래픽 성능 관련 설정 메뉴

라즈베리파이를 안정적으로 사용하기 위해 Performance 설정 탭은 일부를 막아 놓았다. Overclock은 변경할 수 없으며, GPU 메모리는 16, 32, 64, 128, 256 등 배수로 설정 가능하다.

GPU(Graphic Processing Unit)란 그래픽 처리 장치를 이르는 말로 CPU(Control Processing Unit)와 파티션을 나누어 쓰기 때문에 메모리 부족 혹은 증가가 필요한 경우 값을 변경할 수 있다.

6 라즈베리파이 언어 및 지역 변경하기

라즈베리파이는 영국에서 만들어졌기 때문에, 지역 관련 모든 기능은 영국을 기준으로 설정되어 있다. 따라서 키보드 레이아웃처럼 일부 기능은 한국에서 쓰기에 적합하지 않은 것들이 있다. 이러한 설정을 한국 설정으로 변경할 필요가 있다. 그중 먼저 설정할 것은 지역과 언어이다. 기존 설정을 그대로 사용하여도 무방하지만 한국어가 더 편한 사람은 다음과 같이 설정한다.

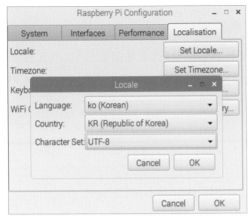

Set Locale을 이용하여 사용언어 및 국가를 한국으로 변경한다. 설정을 변경하면 재부팅 메시지가 나오며, 재부팅 이후에 일부 글자 깨짐 현상이 발생한다. 설정은 변경되었으나 한글 폰트가 설치되어 있지 않고 한글 키보드가 설치되어 있지 않기 때문이다. 앞에서 키보드 레이아웃을 변경했다고 해서 한글을 모두 인식하는 것은 아니며, 다음 설정까지 마무리하여야 모든 한글 설정 및 사용에 문제가 없다.

⚓ 라즈베리파이 지역 설정 메뉴

7 라즈베리파이 한글 폰트 설치하기

언어 및 지역 설정을 한국으로 변경하여도 별도의 한글 폰트가 설치되지 않았기 때문에 글자 깨짐 현상이 발생한다. 한국어로 된 사이트에 접속한 경우 일부 글자가 다 네모 칸으로 처리되어 보이는 것을 확인할 수 있다.

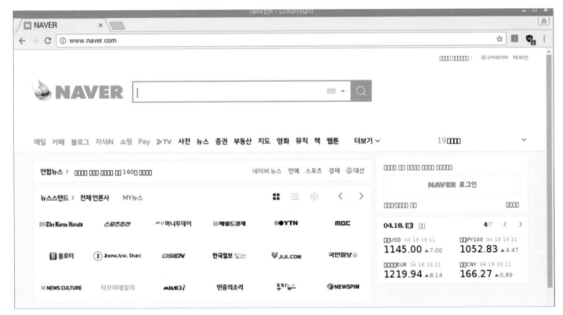

⚓ 라즈베리파이 한글 폰트 인식 문제

한글 폰트를 설치하는데는 두 가지 방법이 있다.

첫째, apt-get 명령어를 통해서 설치하는 것이다. 설치할 패키지는 ttf-unfonts-core로 sudo를 붙여서 설치하여야 한다.

```
pi@raspberrypi:~ $ sudo apt-get install ttf-unfonts-core -y
```

⚓ 명령어를 통한 라즈베리파이 한글 폰트 설치하기

둘째, 소프트웨어 추가/삭제 툴을 이용하는 방법이다. 라즈비안 제씨 위드 픽셀 버전의 경우, 필요한 패키지를 간편하게 설치할 수 있도록 별도의 툴을 제공한다. 메뉴 → Preferences → Add/Remove Software에서 패키지를 검색하여 설치하는 방식이다. 패키지는 각 기능별로 분류되어 있으므로 검색해서 필요한 기능을 추가하는 것도 좋은 방법이다.

설치할 패키지는 ttf-unfonts-core이다. 패키지의 일부 이름만 검색하여도 연관된 패키지를 출력한다. 단, 모든 패키지를 지원하는 것은 아니며, 데비안/라즈비안에서 사용할 수 있는 패키지에 한해서 검색하고 설치, 삭제할 수 있다.

패키지를 선택하면 패키지에 대한 설명과 설치 여부를 확인할 수 있다. Apply를 누르면 설치 작업을 시작하고 이미 설치된 패키지를 다시 선택하여 Apply를 누르면 패키지를 삭제한다. 설치 혹은 삭제할 때 비밀번호를 입력하여야 한다.

⚓ 소프트웨어 설치/삭제 메뉴를 이용한 한글 폰트 설치하기

설정한 후, 라즈베리파이를 재부팅하면 깨져 있던 모든 글씨가 한글로 정상출력되고 한글 웹페이지에 접속하여도 모든 글씨가 정상적으로 보이는 것을 확인할 수 있다.

8 라즈베리파이 한글 키보드 설정하기

한글 폰트를 설치하였다고 해서 한글을 입력할 수 있는 것은 아니다. 한글 입력을 위해서는 폰트와 마찬가지로 별도의 패키지 설치가 필요하다. 설치하여야 할 패키지는 ibus와 ibus-hangul이다. ibus는 입력 도구를 설정하는 패키지이다. 한글 폰트와 마찬가지로 명령어와 소프트웨어 설치/삭제 툴을 이용하여 설치할 수 있다.

```
pi@raspberrypi:~ $ sudo apt-get install ibus -y
pi@raspberrypi:~ $ sudo apt-get install ibus-hangul -y
```

⚓ 명령어를 통한 라즈베리파이 한글 키보드 입력 설치하기

동일한 설정을 명령어가 아닌 Add/remove software 메뉴에서 처리하면 아래와 같다.

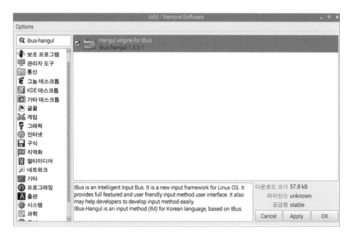

⚓ 소프트웨어 설치/삭제 메뉴를 이용한 한글 폰트 설치하기

패키지를 설치 후, 설정 메뉴에 iBus 환경 설정 메뉴와 입력기 메뉴가 추가된 것을 확인할 수 있다.
IBus 환경 설정 메뉴를 클릭하여 IBus 데몬을 활성화하면 입력 언어를 설정할 수 있는 메뉴로 넘어간다. 여기에서 한국어를 추가하면 한글 키보드를 입력으로 받을 수 있다. 이 작업이 끝나면 라즈베리파이 바탕화면 우측 상단 패널에 영문 입력기 모양이 생기고, 한글 키보드를 추가하면 입력기를 영어와 한국어 중 선택할 수 있다. 한국어로 변경하면 한/영 혹은 Shift+Spacebar를 이용하여 한국어와 영어 변환이 가능하다. 설정을 정상적으로 하였는데 값이 변하지 않는다면 재부팅 후 적용되는 것을 확인할 수 있다.

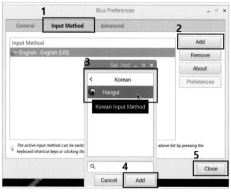

⚓ 라즈베리파이에서 한글 입력기 선택하기

9 라즈베리파이 타임존 설정하기

이제 대부분의 설정이 한글로 동기화되었다. 이제 마지막으로 설정할 부분은 시간이다. 라즈베리파이는 별도의 설정 없이 인터넷과 동기화된 시간을 가져오므로, 타임존을 설정해주면 재부팅 후부터 자동으로 한국 시간으로 동기화된다.

⚓ 라즈베리파이 시간 동기화하기

이제 모든 기본 설정이 끝났다. 위의 설정 중에서 Localisation의 WiFi Country는 설정을 바꾸지 않았는데, 해당 메뉴의 경우 설정을 한국으로 바꾸면 무선 인터넷이 아예 되지 않으므로 설정을 그대로 유지한다. 이정도의 설정만 하여도 라즈베리파이를 일반 컴퓨터로 사용하는데 불편함이 없다. 추가로 설치하고 싶은 패키지가 있다면 간단한 구글링을 통해 쉽게 설치 가능하니 자신만의 라즈베리파이 컴퓨터로 만들어보는 것도 좋을 것 같다.

CHAPTER

007 | 라즈베리파이 원격접속하기

라즈베리파이에 네트워크를 연결하여 IP 주소를 알고 Raspberry Pi Configuration에서 SSH와 VNC 기능을 활성화하였다면, 원격에서 라즈베리파이에 접속할 수 있다.

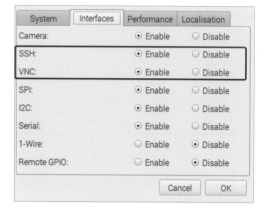

⚓ Raspberry Pi Configuration에서 원격접속 기능 활성화

우리가 연결하는 대부분의 네트워크는 사설 IP 주소를 갖기 때문에 동일한 네트워크 대역에서만 원격접속이 가능하다는 제약이 따른다. 만약 라즈베리파이에 공인 IP 주소를 할당한다면, 네트워크 대역에 상관없이 어디서든 원격으로 접속할 수 있다.

● 공인 IP 주소

공인 IP 주소란 전 세계에서 유일하게 할당된 IP 주소를 의미한다. 각 나라마다 IP 대역을 할당하고 우리나라에 할당된 공인 IP주소는 한국 인터넷 진흥원(KISA)에서 관리한다. 공인 IP 주소는 그 개수가 제한되어 있어 언젠가 주소가 고갈될 수 있다.

● 사설 IP 주소

동일한 네트워크 안에서만 사용되는 IP 주소로 네트워크 내에서는 유일한 IP 주소이지만 네트워크 밖에서는 연결하여 사용할 수 없다. 사설 IP 주소를 위해 할당된 IP 주소 대역이 별도로 존재한다.

⓵ real vnc를 이용하여 GUI 원격접속하기

● VNC Viewer 설치하기

VNC(Virtual Network Computing)란 원격으로 다른 컴퓨터를 제어하는 데스크탑 공유 시스템을 말한다. 자판과 마우스 이벤트를 네트워크를 통해 원격 컴퓨터의 GUI 화면을 갱신한다. 라즈베리파이는 real vnc 프로그램(https://realvnc.com)을 공식 VNC 툴로 사용한다.

💧 라즈베리파이 공식 VNC 툴인 real vnc

Raspberry Pi Configuration에서 VNC 기능을 활성화하였다면 라즈베리파이는 원격접속할 수 있는 VNC 서버로 동작한다. 원격의 컴퓨터에서 라즈베리파이에 원격접속을 하기 위해서는 VNC Viewer를 설치해야 한다. VNC View는 real vnc 웹페이지의 DOWNLOAD 메뉴에서 다운로드 받아 설치할 수 있다. 이 때 주의할 것은 VNC CONNECT가 아닌 VNC Viewer를 선택하여야 한다는 점이다.

💧 VNC Viewer 다운로드하기

VNC Viewer를 눌러 다운로드 페이지로 넘어가보자. real vnc는 데스크탑부터 모바일에 이르기까지 다양한 운영체제를 지원하기 때문에 자신이 원격접속을 시도할 기기의 운영체제에 맞는 VNC Viewer 프로그램을 다운로드하여 설치한다. 별도의 회원가입없이 몇 번의 클릭으로 간단하게 설치를 진행할 수 있다.

● VNC Viewer 실행하기

이제 VNC Viewer를 이용하여 라즈베리파이에 원격으로 접속해보자. 라즈베리파이에 원격접속하는 것은 네트워크를 기반으로 하기 때문에 VNC Server 인 라즈베리파이의 IP 주소와 로그인 정보를 사전에 알고 있어야 한다.

⚓ VNC Viewer 실행하기

VNC Viewer 실행화면은 위 그림과 같다. 라즈베리파이 IP 주소를 입력하여 원격접속을 시도한다. 원격접속을 처음 시도하는 경우 보안 터널링 연결 확인 여부를 묻고 사용자 인증으로 넘어간다.

⚓ VNC Viewer 사용자 인증

사용자 인증을 위한 Username과 Password는 라즈베리파이에 설정된 ID(pi)와 Password(raspberry)를 그대로 사용한다. 만약 Password를 변경하였다면 그 Password를 적용한다. 올바른 인증 정보를 입력하였다면 GUI 화면으로 라즈베리파이에 원격접속할 수 있다. 한 번 접속한 IP 주소의 경우 그 기록이 남아있으므로 IP 주소가 변하지 않는다면 매번 IP 주소를 입력할 필요 없이 접속할 수 있다.

❷ SSH를 이용하여 CLI 원격접속하기

SSH(Secure Shell)는 보안을 통해 네트워크 상의 원격 컴퓨터에 CLI 모드로 명령을 실행할 수 있도록 하는 프로토콜이다. SSH는 22번 포트를 사용하도록 할당되어 있다. 윈도우의 경우 '모니터 없이 라즈베리파이 접속하기'에서 소개한 PuTTY를, 맥의 경우 내장되어 있는 터미널을 이용하여 SSH로 원격접속하여 사용할 수 있다.

● Windows

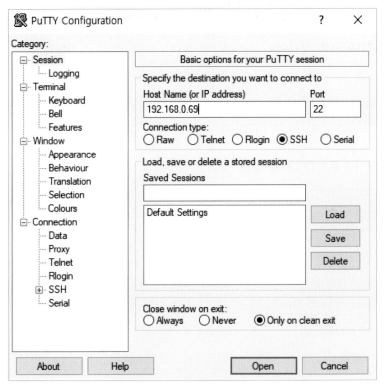

⚓ PuTTY를 이용하여 라즈베리파이 원격접속하기

● Mac

맥을 사용할 때는 별도의 툴 없이 내장되어 있는 터미널에서 명령어를 이용하여 SSH로 라즈베리파이에 원격접속할 수 있다. 윈도우와 달리 라즈베리파이의 ID(pi)를 알고 있어야 한다. 터미널을 열어 아래와 같은 명령어를 입력하여 라즈베리파이에 원격접속할 수 있다.

```
ssh pi@[라즈베리파이 IP주소]
```

올바른 IP 주소를 입력하였는데 아래와 같은 경고 메시지가 나올 수 있다. 이는 암호화 KEY에 관한 문제로 터미널에 'ssh-keygen -R [라즈베리파이 IP 주소]'를 입력하여 해결할 수 있다.

```
@@@@@@@@@@@@@@@@@@@@@@@@@@@@@@@@@@@@@@@@@@@@@@@@@@@@@@@@@@@@@
@    WARNING: REMOTE HOST IDENTIFICATION HAS CHANGED!     @
@@@@@@@@@@@@@@@@@@@@@@@@@@@@@@@@@@@@@@@@@@@@@@@@@@@@@@@@@@@@@
IT IS POSSIBLE THAT SOMEONE IS DOING SOMETHING NASTY!
Someone could be eavesdropping on you right now (man-in-the-middle attack)!
It is also possible that a host key has just been changed.
The fingerprint for the ECDSA key sent by the remote host is
SHA256:9KsQzxH4PCdWHjUcZYwkJPeKAYzUWIcQDA6TM2maqFA.
Please contact your system administrator.
Add correct host key in /Users/yeonahki/.ssh/known_hosts to get rid of this mess
age.
Offending ECDSA key in /Users/yeonahki/.ssh/known_hosts:11
ECDSA host key for 192.168.10.7 has changed and you have requested strict checki
ng.
Host key verification failed.
```

⚓ 맥에서 SSH 접속 시 발생하는 경고 메시지

윈도우와 맥 모두 SSH로 처음 접속한 경우 보안 터널링이 필요하기 때문에 연결을 맺을 것인지에 대한 확인 여부를 물어본다. Yes를 입력하여 터널링을 설정하고 ID(pi)와 Password(raspberry)를 입력하여 CLI 모드로 라즈베리파이에 원격접속할 수 있다.

PART **3**

내 생각을 표현하는
프로그래밍

사람과 사람이 생각을 주고 받기 위한 요소 중 하나는 언어이다. 서로 이해할 수 있는 적절한 언어를 사용하는 것이 중요하다. 그것은 한국어, 영어, 중국어, 일본어와 같은 언어일 수도 있고, 수화나 점자 같은 특수한 언어일 수도 있다. 한국어를 모르는 외국인에게 한국어로 이야기했을 때 우리의 생각이 제대로 전달되지 않듯이, 상대방이 알아들을 수 있는 언어를 사용해야 한다.

이와 마찬가지로 컴퓨터라는 장치는 0과 1 만 이해할 수 있다. 최초의 컴퓨터는 0과 1을 사용하여 컴퓨터가 이해할 수 있는 기계어를 사용했는데, 이는 사용자가 이용하기에 너무 복잡하고 어려웠다. 사용자가 이해할 수 있도록 인간의 언어에 가까운 형태로 프로그래밍 언어가 발전해왔고, 그 결과물은 전공자라면 들어 봤을 만한 C/C++, 자바(Java), 파이썬(Python), 자바스크립트(Javascript) 등이 있다. 그렇다고 기계어가 사라진 것은 아니다. 사용자가 프로그래밍 언어로 컴퓨터가 어떤 일을 처리해야 하는지 작성하면, 컴퓨터 내부에서는 컴퓨터가 이해할 수 있는 0과 1 형태의 기계어로 바뀌어 전달한다.

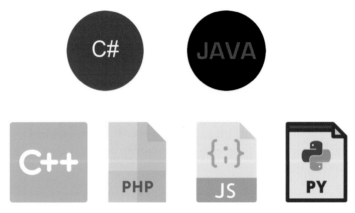

⚓ 다양한 프로그래밍 언어

프로그래밍 언어는 우리가 생각하는 것보다 훨씬 많은 곳에 쓰이고 있다. 매일 사용하는 스마트폰, TV, 에어컨 등 전자 제품도 모두 프로그래밍 언어를 사용하여 동작되고 있다. 쓰이는 곳이 많은 만큼 프로그래밍 언어는 매우 다양하고, 프로그래밍 언어별로 그 쓰임새가 적합한 분야가 있다. 보편적으로 C/C++은 기계 제어/운영체제 등에, 파이썬 (Python)은 과학기술 부분, 자바스크립트(Javascript)는 웹 개발에 많이 쓰이고 있다. 하지만, 계속되는 기술 발전으로 각 프로그래밍 언어의 경계가 허물어지고 있으며, 이런 현상은 계속 될 것이다.

이번 책에서는 자바스크립트라는 프로그래밍 언어를 이용하여 원하는 프로그램을 만드는 과정을 진행한다. 자바스크립트는 깊게 공부하면 쉬운 프로그래밍 언어는 아니다. 하지만 상대적으로 다른 프로그래밍 언어보다 적은 양의 코드를 이용하여 기능을 구현할 수 있으며, 웹페이지와의 연동이 간편하다는 장점이 있다. 프로그래밍을 모르거나, 자바스크립트를 모른다고 주눅들 필요는 없다. 다양한 예제를 통해 우리 집 CCTV 만들기에 꼭 필요한 자바스크립트의 특징과 문법을 함께 학습할 예정이기 때문이다.

1 자바스크립트

프로그래밍 언어를 작성하고 컴퓨터가 이해할 수 있는 0과 1로 전달하는 과정을 컴파일이라고 한다. 프로그래밍 언어를 실행할 때 컴파일 과정을 거쳐서 컴퓨터가 실행할 수 있는 실행 파일 형태로 만드는 프로그래밍 언어를 컴파일 언어라고 하고, 프로그램을 실행할 때 작성한 프로그램이 한 줄 씩 번역되는 방식을 스크립트 언어라고 한다. 두 프로그래밍 언어 모두 장점이 있다. 미리 번역 과정을 거치는 컴파일 언어의 경우 스크립트 언어보다 처리 속도가 빠르다. 스크립트 언어는 컴파일 언어보다 직관적인 문법을 사용하여 실행 중에 빠르게 처리할 수 있도록 지원한다.

자바스크립트는 스크립트 방식의 언어이기 때문에, 별도의 컴파일/빌드 과정을 거치지 않는다. 프로그램을 실행하면 첫 번째 줄부터 순차적으로 실행을 하며, 오류가 발생하는 지점에서 프로그램이 종료된다. 또한 자바스크립트는 함수형 프로그래밍 언어라고 하는데, 함수를 굉장히 중요한 역할로 사용한다는 뜻이다.

⚓ 자바스크립트

● 함수(Function)

함수(Function)는 학창시절 수학시간에 배웠던 것과 비슷한 개념이다. 프로그래밍을 이야기하는데 뜬금없이 수학 얘기를 하는지 의아해 할 수 있지만 잠시 함수의 수식을 떠올려 보자. y = f(x)라는 수식을 배웠던 것이 기억나는가? 함수 f()에 x라는 값을 넣으면 y라는 결과가 나온다는 뜻이었다. 프로그래밍의 함수 역시 어떤 입력(x)을 주었을 때, 어떤 출력(y)을 받을지를 정의한 블록과 같다. 예를 들어보자. 전자레인지에 밀가루 반죽을 넣었더니, 맛있는 빵이 되어 나왔다. 여기서 함수 내용은 전자레인지에 열을 가하는 동작이고, 입력은 밀가루 반죽이고, 출력은 맛있는 빵이 된다.

Input(x)
밀가루 반죽

Function(f)
전자레인지 동작

Output(y)
빵

⚓ 함수의 이해

사실 자바스크립트는 웹페이지에서 간단한 이벤트를 처리하는 프로그래밍 언어로 주로 사용되었다. 예를 들어 웹페이지의 어떤 버튼을 한 번 클릭할 때, 두 번 클릭할 때 또는 어떤 동작을 처리할지 등에 관하여 기능을 정의할 수 있다. 하지만, 자바스크립트는 계속 발전하고 있다. 단순히 웹페이지에서만 사용하는 것을 넘어 확장성을 가지고 세상에서 가장 인기있는 프로그래밍 언어로 일컬어지고 있다. 깃허브(Github)에 올라온 수 많은 프로젝트 중 자바스크립트로 구현된 것이 가장 많으며, 각종 IT 공모전, 해커톤에서 사용되는 가장 인기있는 프로그래밍 언어 또한 자바스크립트이다. 아래 표는 2015년 기준이지만 2016, 2017년에도 자바스크립트가 가장 많이 사용된 프로그래밍 언어 1위를 차지하였다.

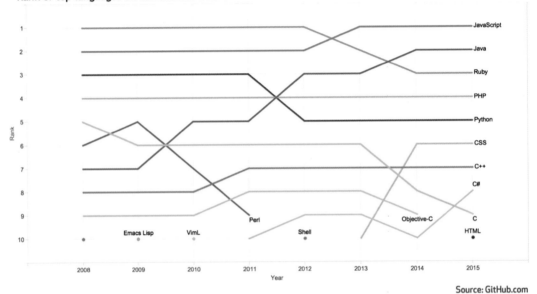

⚓ 2015년 기준 깃허브에서 가장 많이 사용된 프로그래밍 언어 순위

● 깃허브(Github – https://github.com)

세계적으로 가장 유명한 오픈 소스 코드 저장소이며, 영리적인 서비스와 오픈 소스를 위한 무상 서비스를 제공한다. 많은 개발자들이 이곳을 이용하여 소스를 공유한다.
최근 인기있는 프로젝트/ 프로그래밍 언어를 판단하는 것도 깃허브에 많이 오르내리는 데이터를 그 척도로 사용하기도 한다.

● 해커톤(hackerthon)

해커와 마라톤의 합성어로 개발 분야의 프로그래머나 관련된 디자이너, 기획자 등이 짧게는 하루, 길게는 일주일 정도의 일정으로 프로젝트를 진행하는 이벤트이다. 단기간에 집중해서 프로젝트를 진행함에도 불구함에도 반짝이는 아이디어로 사업화까지 진행될 수 있는 큰 행사이다.
 과거의 해커톤은 소프트웨어 개발에 집중되었지만 아두이노와 라즈베리파이 같은 오픈소스 하드웨어를 누구나 저렴하게 접근할 수 있게 되면서 하드웨어까지 해커톤의 범위가 확장되었다. 범위 확장에 따라 이름 또한 해커톤, 메이커톤, 디바이스톤 등 다양하게 불리고 있다.

2 Node.js

자바스크립트가 웹페이지를 넘어 다양한 범위에서 활용되기 시작한 이유 중 하나는 Node.js라는 서버 개발 플랫폼 때문이다. 자바스크립트도 모르는데 Node.js라는 말까지 나오니 어렵게 느껴질 수 있지만 프로그래밍을 처음 접하시는 분들은 일단 한번 읽어보고, 이런 용어들도 있구나 하는 정도로 가볍게 보시면 될 것 같다.

Node.js는 자바스크립트 언어를 기반으로 하며 확장성 있고 빠르게 서버나 애플리케이션을 구현할 수 있도록 도와주는 플랫폼이다. 즉, Node.js로 인하여 자바스크립트의 원래 기능인 웹페이지 개발 뿐 아니라 서버나 각종 응용프로그램 용도로 그 범위가 확대되었다는 것을 의미한다. Node.js도 결국 자바스크립트에 뿌리를 두고 있으므로 자바스크립트를 이해하는 것이 중요하다.

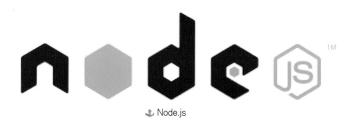
Node.js

자바스크립트와 Node.js의 큰 특징은 이벤트 기반 비동기 방식으로 프로그램을 처리한다는 것이다. 자바스크립트는 이벤트를 중심으로 동작한다. 즉, 프로그램 내에서 수행해야 할 각 내용을 이벤트 기준으로 분리하고 이벤트가 발생할 때마다 그 요청에 대해 비동기 방식으로 처리한다. 비동기 방식이란 이벤트가 시작되고 종료될 때까지 기다렸다가 다음 이벤트로 넘어가는 것이 아니라, 알아서 이벤트를 처리하도록 두고 그 처리가 끝나면 종료 사실을 다시 알려주는 방식으로 동작이다.

예를 들면, 배가 고파서 간식으로 치킨을 먹으려고 결정했다고 하자. 동기(Synchronous) 방식은 치킨을 직접 만들어서 완성하면 먹는 것이고, 비동기(Asynchronous) 방식은 치킨을 주문하고 다른 일을 하다가, 도착했을 때, 먹는 것이다. 여기서 중요한 차이점은 "다른 일을 하다가"이다. 결국 소프트웨어에서 동기 방식과 비동기 방식의 차이는 어떤 요청을 했을 때, 끝날 때까지 기다려야 되는지, 아니면 다른 일을 할 수 있는지의 차이라고 할 수 있다.

기존에도 많은 서버 개발 플랫폼이 있었지만 Node.js의 장점은 자바스크립트의 특징을 포함하고 있기 때문에 이벤트 기반으로 동작하며 단일 스레드(Thread)로 데드락(Dead Lock) 현상없이 자원을 할당하여 사용할 수 있다는 점이다. 데드락 현상은 교착 현상이라고도 하며 한정된 자원을 여럿이 쓰려고 할 때 하나의 자원이 너무 오래 자원을 사용하여 나머지가 모두 대기 상태에서 빠져나오지 못하는 현상을 이야기한다. 즉, 다음 이벤트를 기다리며 무한정 기다리거나 하나의 이벤트가 무한정 작업을 계속하는 일이 없다는 뜻이다.

하지만 Node.js가 만능은 아니다. 자바스크립트가 서버나 애플리케이션 구현에 서버나 애플리케이션 구현에 활용될 수 있지만 태생이 웹페이지에서 사용하는 프로그래밍 언어이기 때문에 어느 정도의 제약은 따른다. 현재까지 출간된 라즈베리파이 관련 서적을 보더라도 파이썬이 많이 사용되고 있고, 하드웨어 제어는 C언어를 주로 사용하는 등 다른 언어들이 주를 이루고 있다. 그럼에도 불구하고 자바스크립트, Node.js를 사용하는 이유는 빠른 프로토타이핑과 확장성 때문이다. Node.js에서의 자바스크립트를 이용하면 IoT에서 가장 중요한 서버/클라이언트 통신 기능을 쉽게 구현할 수 있다. 또한, 각종 패키지나 랩핑을 통해 다른 언어로 작성된 소프트웨어도 사용하여 웹/모바일부터 하드웨어 제어까지 모든 부분을 빠르게 진행할 수 있다. 또한 이 코드들은 어느 한 플랫폼에 종속되지 않고 다양한 플랫폼에서 그대로 사용할 수 있기 때문에 유지보수도 간편하다. 물론 회사에서 제품을 만들고자 한다면 자바스크립트 하나만 가지고 하는 것은 문제가 있다. 프로타이핑 단계에서 이 서비스가 구현가능한지 확인하고 각 부분에 최적의 효과를 내는 언어로 바꾸어 발전시켜 나가는 것이 좋은 방법이다.

3 Node.js 설치하기

라즈베리파이에는 기본적으로 Node.js가 설치되어 있기 때문에 별도의 설치를 하지 않고도 자바스크립트와 Node.js를 활용할 수 있다. 그러나 버전을 확인해보면 새로운 버전을 설치해야 한다는 사실을 직감할 것이다.

```
pi@raspberry:~ $ node -v
v0.10.29
```

라즈베리파이에 설치되어 있는 Node.js의 버전은 v0.10.29(2017-04-10, 라즈비안 운영체제 기준) 이다. Node.js 현재 버전과 비교해보면 한참 하위 버전이다. Node.js의 공식사이트인 https://nodejs.org에서 2017년 8월 30일 기준 최신 버전은 v8.4.0이다. Node.js는 최신 기술과 안정성을 보장하기 위해 Current와 LTS 두 가지 버전을 지원한다.

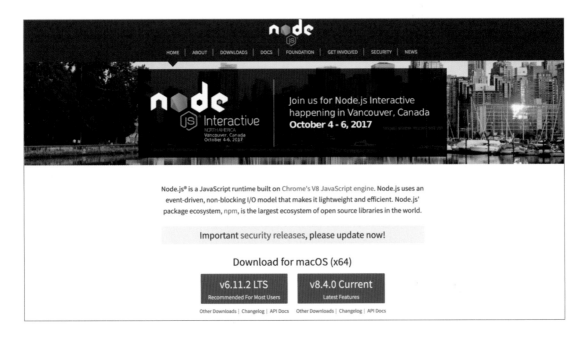

Current 버전은 현재 최신 기술을 모두 포함하고 있으며 LTS(Long Term Support)버전은 30개월 간 장기적으로 안정적인 서비스 지원을 제공한다. LTS 버전만 하더라도 v6.x이기 때문에 현재 라즈베리파이에 설치된 버전과 그 차이가 큰 것을 알 수 있다.

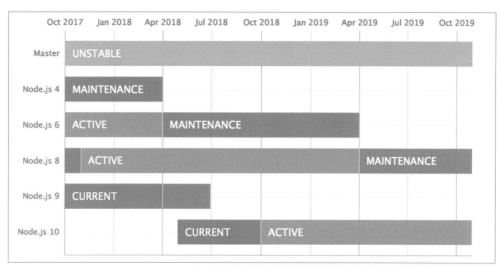

☸ Node.js의 LTS 버전 지원 계획

이제 라즈베리파이에 새로운 버전의 Node.js 를 설치해보자. 안정적인 사용을 위해서 Current 버전 보다는 LTS 버전을 설치하는 것을 권장한다. 이번 책에서는 그동안 수업에서 사용하면서 안정화 되었다고 생각한 v6.9.2버전을 설치한다. 현재의 LTS 버전은 아니지만 LTS 보장 기간인 30개월 이내에 포함되기 때문에 해당 버전을 설치하여도 무방하다. 다른 LTS 버전을 설치하여 사용하여도 무방하나, 버전에 따라 호환성에 문제가 발생할 수 있다.

아래 세 가지 방법 중 한 가지를 선택하여 설치를 진행한다.

● Nodejs.org에서 제공하는 빌드 배포판 설치하기

```
pi@raspberry:~ $ wget https://nodejs.org/dist/v6.9.2/node-v6.9.2-linux-armv7l.tar.xz
pi@raspberry:~ $ tar -xvf node-v6.9.2-linux-armv7l.tar.xz
pi@raspberry:~ $ cd node-v6.9.2-linux-armv7l
pi@raspberry:~/node-v6.9.2-linux-armv7l $ sudo cp -R * /usr/local
```

- wget : 리눅스에서 HTTP, HTTPS, FTP 등과 같은 서버에서 콘텐츠를 가져올 때 사용하는 명령어이다.
- tar : 파일을 압축하거나 푸는데 사용하는 명령어로 tar.xz의 경우 압축률이 우수하고 가벼워 널리 쓰인다.
- cd : 리눅스에서 디렉토리 위치를 변경할 때 사용하는 명령어로 cd [디렉토리 이름 or 디렉토리 경로]의 형태로 사용 가능하다.

- cp : 리눅스에서 파일 또는 디렉토리를 복사할 때 사용하는 명령어로 cp [복사할 파일 또는 디렉토리] [복사될 위치]와 같은 형식으로 사용한다. 추가 옵션을 이용하여 확장성있게 사용할 수 있으며 -R 옵션은 디렉토리 하위의 모든 파일을 복사할 것을 의미한다.

● Nodesource.com에서 제공하는 버전 설치하기

```
pi@raspberry:~ $ curl –sL https://deb.nodesource.com/setup_6.x | sudo –E bash –
pi@raspberry:~ $ sudo apt–get install nodejs
```

- curl : 통신 프로토콜을 이용하여 데이터를 전송하는데 사용하는 명령어이다.

● Heroku에서 제공하는 빌드 배포판 설치하기

해당 버전의 경우, LTS 보장기간이 곧 종료되는 v4.2.1이 설치되기 때문에 권장하지는 않는다. 하지만 Heroku에서 제공하는 버전을 설치할 경우 빌드 과정을 최소화할 수 있다는 장점이 있다.

```
pi@raspberry:~ $ wget https://node-arm.herokuapp.com/node_latest_armhf.deb
pi@raspberry:~ $ sudo dpkg –i node_latest_armhf.deb
```

- dpkg : 데비안 패키지 관리의 기초가 되는 소프트웨어로 .deb 형태로 된 바이너리 파일을 관리한다. -i 옵션은 .deb 파일을 설치하는 것을 의미한다.

● 설치 확인하기

Node.js가 정상적으로 되었다면 NPM(Node Package Modules)이 함께 설치된다. NPM이란 Node.js에서 사용 가능한 다양한 패키지(혹은 라이브러리)를 올릴 수 있는 플랫폼으로 패키지 호출을 통해 전자 부품 제어나 다양한 응용 서비스를 결합할 수 있도록 제공한다. 설치가 정상적으로 되었는지 확인하는 명령어는 다음과 같다.

• Node.js 버전

```
pi@raspberry:~ $ node –v
v6.9.2
```

• NPM 버전

```
pi@raspberry:~ $ npm –v
3.10.9
```

만약 설치 후, 버전의 변화가 없거나 둘 중 하나의 버전만 변경되었다면 라즈베리파이를 재부팅한다. 정상적으로 설치되더라도 시간 상 동기화의 문제로 버전이 늦게 변경될 수 있기 때문이다. 재부팅 후에는 해당 버전으로 바뀐 것을 확인할 수 있다.

CHAPTER 002 | 라즈베리파이에서 사용 가능한 텍스트 편집기

라즈베리파이가 처음 ICT 교육용 컴퓨터로 처음 출시된 만큼, 다양한 프로그래밍 툴을 가지고 있다. 이번 장에서는 라즈베리파이에서 자바스크립트(Node.js포함 자바스크립트를 활용하는 모든 것을 통칭하여 말함)를 편집할 수 있는 세 가지 텍스트 편집기를 소개한다. 이 중에 소개할 두 가지는 이미 리눅스 계열을 사용해보 았다면 익숙한 Vi/Vim과 Nano이다. 나머지 한 가지는 명령어를 이용하여 편집기를 사용하는 것이 익숙하지 않은 사람들이 편하게 사용할 수 있는 GUI 기반의 편집기인 Geany이다.

이번 장에서는 각 텍스트 편집기를 사용하여 간단한 문서를 만들어보도록 하자.

1 vi/vim 편집기 사용하기

vi는 리눅스 계열의 운영체제를 주로 사용하는 사람들에 가장 익숙한 텍스트 편집기다. vi의 장점은 강력한 단축키이다. 키보드에서 손을 떼지 않고 파일 열기부터 편집, 저장까지 모두 단축키로 할 수 있으며 그 기능 이 방대하여 단축키 모음으로 별도로 정리되어 있을 정도이다. vi는 강력하지만 사용이 익숙해지기까지 시 간이 걸린다는 단점이 있다. 이러한 단점을 극복하고 vi에 확장성을 갖춘 vim을 사용한다. vi는 기본으로 설 치되어 있으며 추가로 vim을 설치하는 명령어는 아래와 같다.

```
pi@raspberry:~ $ sudo apt-get install vim -y
```

설치 후에는 vi 또는 vim 중 어느 명령 어를 사용하더라도 동일하다. 파일을 열 때에는 vi '파일명' 또는 vim '파일명' 형태로 사용한다. 만약 동일한 이름으 로 생성된 파일이 없다면 새로운 빈 파 일을 생성한다. 파일 이름을 적지 않고 vi 혹은 vim만 입력한 경우 아래와 같은 빈 파일이 열리며, vim에 대한 간단한 소개와 정보를 볼 수 있다.

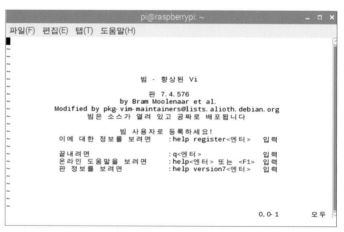

⚓ 빈 파일을 생성한 경우 vim파일 내용

파일을 열었다면 이제 파일에 원하는 내용을 프로그래밍 한다. 프로그래밍을 하기 위해서는 몇가지 단축키를 외우고 있으면 편리하다. vi/vim은 편집 모드와 커맨드 모드가 있다. 예를 들어 "vi test"라고 입력하여 test라는 파일을 열게 되면, 먼저 커맨드 모드로 실행된다. 여기서 i 또는 a를 입력해야 편집 모드로 들어갈 수 있고, 편집 모드에서만 문서를 편집할 수 있다. 이번 장은 편집기를 다루는 것이 주가 아니기 때문에, vi/vim에서 활용할 수 있는 몇 가지 기능만을 소개하고 넘어간다. vi/vim에 대한 단축키를 더 자세히 알고 싶다면, 관련 서적이나 인터넷을 참고하기 바란다.

편집 모드	편집 종료	Esc (커맨드 모드로 진입)
커맨드 모드	편집 모드 실행	i : 현재 위치에서 편집 모드 실행 a : 다음 커서에서 편집 모드 실행
	파일 저장	:w : 파일 내용 저장 :q : 파일 빠져나가기 :wq : 파일 저장 후 빠져나가기 만약, 파일명이 없는 빈 파일로 열어 작업하였다면 저장 시, 파일명을 뒤에 함께 적어준다.
	줄 복사/붙여넣기	yy : 한 줄 복사하기 [줄 수]yy : 원하는 줄 수 만큼 복사하기 예) 3yy → 세 줄 복사 p : 붙여 넣기
	줄 삭제하기	dd : 한 줄 삭제하기 [줄 수] dd : 원하는 줄 수 만큼 삭제하기 예) 10dd → 10줄 삭제
	이전 작업 복구하기	u : 바로 이전 작업으로 복구하기

vi/vim 필수 단축키 모음

[파일 생성 및 편집]

pi@raspberry:~ $ vi document_vi

[커맨드 모드에서 'i' 또는 'a' 입력 → 편집 모드로 진입 후 아래 문자 입력]

Hello VI/VIM

[Esc 입력 → 커맨드 모드 → :wq 입력 (저장하고 나가기)]

[파일 실행 – cat은 파일 내용을 간단히 확인하는 명령어]

pi@raspberry:~ $ cat document_vi

[결과]

Hello VI/VIM

2 nano 편집기 사용하기

nano 또한 텍스트 편집기이다. 앞에서 소개한 vi와 비교하면 기능은 더 적지만 가볍고 쉽게 익힐 수 있다는 장점이 있다. nano 편집기를 사용하며 느낀 가장 편한 점은 단축키를 화면 하단에서 바로 확인할 수 있다는 점이다. nano 편집기 또한 라즈베리파이에 기본으로 설치되어 있으므로 바로 사용 가능하다.

파일을 열 때에는 nano '파일명' 형태로 사용한다. 만약 동일한 이름으로 생성된 파일이 없다면 새로운 빈 파일을 생성한다.

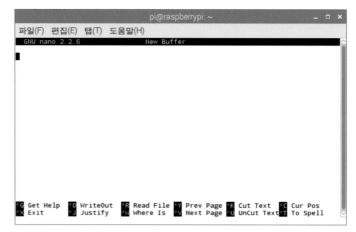

⚓ 빈 파일을 생성한 경우 nano파일 내용

nano 편집기에서 사용할 수 있는 단축 기능은 아래와 같다. nano는 vi/vim과 다르게 편집 모드와 커맨드 모드를 구분하는 것이 없다. nano는 별도의 단축키를 외울 필요 없이 편집 후 하단에 나오는 맵을 참고하여 저장 및 관리한다.

[파일 생성 및 편집]
pi@raspberry:~ $ nano document_nano

[아래 문자 입력]
Hello NANO
[Ctrl]+[X] 입력 → y 입력 후 ENTER (저장하고 나가기)]
[파일 실행 – cat은 파일 내용을 간단히 확인하는 명령어]
pi@raspberry:~ $ cat document_nano

[결과]
Hello NANO

---

③ Geany 편집기 사용하기

vi/vim이나 nano 모두 훌륭한 텍스트 편집기이다. 하지만 마우스를 통해 버튼을 클릭하고 기존 문서 작업에서 사용하던 단축키를 사용하던 이들에게는 어렵게 느껴지는 것이 사실이다. 이러한 분들이 쉽게 사용할 수

있는 텍스트 편집기가 바로 Geany 편집기이다. Geany 편집기는 앞에서 소개한 텍스트 편집기과 달리 GUI라 직관적이다. 따라서 별도의 학습 시간이 필요없이 쉽게 접근이 가능하다는 것이 장점이다. Geany는 메뉴 → 개발 → 지니에 위치해 있다.

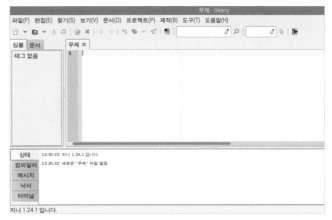

⚓ Geany 편집기 화면 구성

화면 하단에는 상태, 컴파일러, 메시지, 낙서, 터미널 등 다양한 탭이 있다. Geany는 다양한 프로그래밍 언어를 지원하는 편집기이기 때문에 각 프로그래밍에서 필요한 기능을 선택하여 사용할 수 있다. 이번 책에서는 터미널에서 node '파일명'의 형태로 파일을 실행시키는 방법을 사용하며, geany 하단에 터미널 탭이 함께 있어 별도로 터미널을 열지 않고 파일 실행이 가능하다.

[파일 생성 및 편집]
Geany 에디터의 파일 → 새파일 메뉴를 사용하여 파일 생성
[아래 문자 입력]
Hello Geany
[Ctrl+S 입력 → 파일 명(document_geany), 홈디렉토리(/home/pi/)에 저장]
[파일 실행 – 일반 터미널이나 Geany 에디터 하단의 터미널 탭 이용]
pi@raspberry:~ $ cat document_geany

[결과]
Hello Geany

프로그래밍을 하는데 어떤 편집기를 사용할 것인지는 별로 중요하지 않다. 이 책을 읽는 사람이 편하고 익숙한 편집기를 사용하는 것이 가장 현명한 방법이다.

CHAPTER 003 | 프로그래밍 실습하기

앞에서 프로그래밍이 무엇이고, 프로그래밍 언어인 자바스크립트가 무엇인지, 라즈베리파이에서 어떤 텍스트 편집기를 사용하며 작성할 수 있는지 함께 살펴보았다. 이번 장부터는 다양하게 프로그래밍 실습을 하며 자바스크립트 문법에 대해 알아보도록 하자.

1 자바스크립트 기초

우선, 아래의 내용을 작성하여 hello.js라는 파일 명으로 저장해보자. 앞서 배운 텍스트 편집기 중에 편한 것을 사용하면 된다. 또한, node.js에서 자바스크립트 코드를 작성할 때는 확장자로 js를 사용하고, 실행하기 위해서는 "node 파일 명"을 입력하도록 한다.

[파일 생성하기]

```
pi@raspberrypi:~ $ vi hello.js
또는
pi@raspberrypi:~ $ nano hello.js
```

■ 화면 출력

가장 먼저 실습해 볼 부분은 화면 출력이다. 내가 원하는 문자를 터미널 창에 보이게 한다. 먼저 소스코드와 그 결과를 함께 살펴보자.

[실습 파일 : hello.js]

```
1    console.log('Hello World');
2    console.log('AAA', 'BBB');
3    console.log('aaa' + 'bbb');
```

[실행 결과]

```
pi@raspberrypi:~ $ node hello.js
Hello World
AAA BBB
 aaabbb
```

console.log()는 어떤 내용을 화면에 텍스트로 출력하게 하는 함수이다. 함수는 앞서 언급되었지만, 간단히 기능이라고 생각하면 된다. console.log()의 괄호 안에는 화면에 출력할 값이 들어가는데, 하나의 값을 넣을 수 있고, 콤마(,)를 이용하여 여러 개의 값을 넣을 수도 있다.

[소스코드 설명]
- Line 1~3 : 화면에 console.log( ) 안에 정의한 내용을 문자열로 출력한다. console.log()는 한 줄을 출력하고 난 후 자동으로 줄바꿈을 수행한다.

■ 변수
이제 변수에 대해 알아보자. 변수(變數)란, 변할 수 있는 어떤 값을 담는 상자라고 할 수 있다. 예를 들어, 숫자10을 상자에 집어 넣고 그 상자 이름을 num 이라고 한다면 이는 아래와 같이 표현할 수 있다.

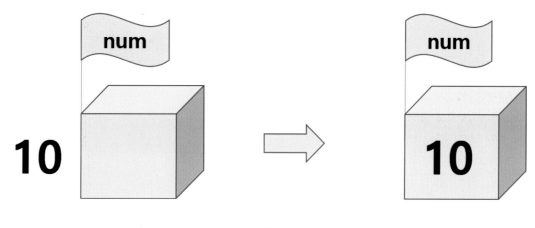

⚓ 변수의 정의

위의 정의를 프로그래밍으로 옮기면 아래와 같다.

```
var num = 10;
```

어릴 때 수학시간에 배웠던 등호 표시(=)를 '같다'의 의미로 배웠지만 프로그래밍에서는 그 뜻이 달라진다. 프로그래밍에서는 '값을 할당한다'는 의미가 되고, 등호를 두 개 사용(==)하는 것이 '같다'의 의미를 갖는다. num이라는 변수는 변할 수 있는 값이기 때문에 처음에 10을 넣었다가 뒤에 20으로 바꿀 수 있다. 이처럼 변수의 이름을 정하고 처음 값을 할당하는 것을 변수의 선언과 초기화라고 한다.

프로그래밍 언어마다 변수를 선언하고 사용하는 방법이 조금 다른데, 자바스크립트에서는 어떤 종류의 데이터 타입이 오더라도 변수를 정의할 때 'var'를 사용한다. 이는 자바스크립트가 갖는 특징 중 하나이다. 자바스크립트는 다른 프로그래밍 언어에 비해 느슨한 문법 형태를 갖는데 그 예 중 하나가 바로 변수의 사용이다. 프로그래밍 언어에서 변수에 할당할 수 있는 자료형은 크게 숫자(정수, 실수 등), 문자(한 글자, 문자열) 등으로, 어떤 데이터 타입을 사용하는지 별도 지정해주지 않더라도 프로그래밍 내부에서 자동으로 구분하여 처리한다. 아래의 예제를 함께 살펴보자.

[변수 선언 및 초기화의 예]

```
var num = 10;
var doubleNum = 3.14;
var singleChar = 'a';
var longChar = 'raspberry pi is so fun';
```

num, doubleNum, singleChar, longChar 이라는 이름을 갖는 각각의 변수에 정수, 실수, 문자, 문자열을 대입하였다. 이제 각 변수의 자료형을 확인하여 정말로 프로그래밍 안에서 자동으로 변수를 구분할 수 있는지 확인해보자.

[파일 생성하기]

```
console.log(typeof num);
console.log(typeof doubleNum);
console.log(typeof singleChar);
console.log(typeof longChar);
```

[실행 결과]

```
number
number
string
string
```

실수와 정수, 문자와 문자열까지 섬세하게 구분하지는 못하지만 숫자, 문자로 자동으로 구분하는 것을 확인할 수 있다. 예제에서 사용한 typeof 연산자는 사용하는 변수의 자료형을 문자열로 반환해주는 도구이다. 자바스크립트에서 사용할 수 있는 자료형이 어떤 것이 있는 함께 살펴보자.

- 숫자
  - 정수, 실수 등 숫자로만 구성된 자료형
  - 예) var numVal = 10;
        var doubleVal = 3.14;
- 문자
  - 한 글자부터 문자열까지, 따옴표로 그 범위를 구분하는 자료형

- 자바스크립트에서는 홑 따옴표와 쌍 따옴표를 구분하지 않음
- 예) var singleChar = 'a';

    var newSingleChar = "a";

    var longChar = 'hello world';

    var newLongChar = "hello world";

- 불린(boolean)
  - 참과 거짓을 판별할 수 있는 변수로 참, 거짓 두 가지만 데이터로 사용 가능
  - 예) var trueBool = true;

      var falseBool = false;

- null
  - 변수에 할당된 값이 null인 경우
  - null은 값이 없는 것이 아니라, null이라는 값을 변수에 할당한 것
  - 예) var nullVar = null;

- undefined
  - 변수에 할당된 값이 정해지지 않은 경우
  - 변수 선언만 한 상태와 같음
  - null과 undefined는 다른 값이므로 정확한 구분이 필요
  - 예) var undefinedVal;

- 객체
  - 자바스크립트에서 위의 자료형(숫자, 문자, 불린, null, undefined)을 제외한 모든 값은 객체에 해당함
  - 객체는 'key : value' 쌍으로 값을 가짐
  - 객체의 value에는 자바스크립트의 모든 자료형을 넣을 수 있음
  - 예) var objVal = {

        name : 'raspberry pi',

        age : 10,

        hobby : 'programming'

      };

- 배열
  - 여러 개의 데이터를 연속된 주소 공간에 저장하여 관리할 수 있는 자료형
  - 모든 종류의 자료형을 하나의 배열에 넣을 수 있음
  - 배열의 각 값은 0번지부터 배열의 요소 개수만큼 주소 값을 할당 받음
  - 예) var arrVal = [10, 3.14, 'hello', function(){return 0;}];

- 함수
  - 특정 기능을 제공하는 프로그램을 작성하고 { } 괄호로 묶어서 필요할 때마다 호출하여 사용할 수 있는 블록

- 예) function add (x, y){

      return x+y;

      };

          var addFunc = function(x, y){

      return x+y;

  };
- 함수 단독으로 특정 기능 블록으로 사용할 수도 있으며, 변수의 값으로 사용할 수 있음
- 그 사용에 따라 함수의 이름을 붙일 수도, 생략할 수도 있음

자바스크립트의 중요한 특징 중 하나는 객체와 함수의 사용이다. 객체와 함수가 단순히 어떤 값을 저장하는 공간이 아니라, 이 각각을 변수로 취급하여 사용할 수 있다는 점이다. 즉, 숫자나 문자같이 정해진 값 뿐 아니라 어떤 계산에 의해 이루어지는 값, 여러 개의 값을 하나의 변수에 넣고 처리할 수 있다.

변수에 대한 내용을 정리하는 차원에서 결과를 예측하며 실습해보도록 하자.

[실습 파일 : variable.js]

```
1    var intNumber = 10;
2    var floatNumber = 10.1;
3    var string = 'hello world';
4    var character = 'a';
5    var boolVariable = true;
6    var emptyVariable;
7    var nullVariable = null;
8    var array = [1, 2, 3];
9    var func = function(){console.log('hello world');}

10   console.log(intNumber, typeof intNumber);
11   console.log(floatNumber, typeof floatNumber);
12   console.log(string, typeof string);
13   console.log(character, typeof character);
14   console.log(boolVariable, typeof boolVariable);
15   console.log(emptyVariable, typeof emptyVariable);
16   console.log(nullVariable, typeof nullVariable);
17   console.log(array, typeof array);
18   console.log(func, typeof func);
```

```
pi@raspberrypi:~ $ node variable.js
10 'number'
10.1 'number'
hello world string
a string
true 'boolean'
undefined 'undefined'
null 'object'
[ 1, 2, 3 ] 'object'
[Function: func] 'function'
```

[소스코드 주요 설명]

- Line 1~9 : 정수, 실수, 문자열, 문자, 불린, undefined, null, 배열, 함수 각 변수를 선언 및 초기화한다.
- Line 10~18 : 각 변수에 초기화한 값과 자료 형을 출력한다. null, 배열, 객체는 객체(object) 자료형으로 분류되는 것이 특징이다.

■ 배열

배열은 앞서 언급한 것과 같이 순차적인 공간에 자료를 저장하는 자료형이다.

- 배열은 번지를 통하여 배열의 요소에 접근할 수 있다.

배열의 값을 읽거나 할당하기 위해서는 '번지'라는 순차적인 공간을 이용한다. 배열의 0번지에 할당된 값에 접근하고 싶을 때에는 'arr[0]'의 형식을 사용한다.

var arr=[1, 2, 3];

번지 ➡	[0]	[1]	[2]
요소 ➡	1	2	3

실습 코드와 결과를 살펴보면서, 배열의 각 자료에 접근하는 방법을 알아보도록 하자.

[실습 파일: array1.js]

```
1    var strArray = ['aa', 'bb', 'cc'];
2    var numArray = [100, 200, 300];
3    var complexArray = [100, 'dd', true, function(a,b){return a+b;}];
4
5    console.log(strArray[0]);
6    console.log(numArray[0]);
7    console.log(complexArray[3](1,2));
```

[실행 결과]

```
pi@raspberrypi:~ $ node array1.js
aa
100
3
```

[소스코드 주요 설명]

- Line 1~3 : 문자열로 구성된 배열(strArray), 숫자로 구성된 배열(numArray), 다양한 자료형으로 구성된 배열(complexArray) 세 개를 선언하고 초기화한다.
- Line 5~6 : 배열은 0부터 시작하는 연속된 저장공간에 각 요소를 저장한다. 따라서, '배열 이름[번지]'의 형태로 배열의 값을 가져올 수 있다. console.log()안에 다음과 같이 배열의 값을 출력하도록 넣어주면 각 0번지 즉, 각 배열의 첫 번째 요소 값을 출력한다.
- Line 7 : 배열 항목이 함수일 때 접근하는 방식으로, complexArray의 3번째 요소인 함수에 1과 1를 a, b자리에 대입하여 처리하도록 한다. 해당 함수는 a와 b의 값을 더하여 반환하는 것이므로 1+2를 수행하여 3을 반환한다.
  - 배열의 요소를 연속된 번지에 저장하지 않아도 된다. 배열의 첫 번째 번지는 0부터 시작하지만 초기화 이후 값을 할당할 때에는 순차적으로 번지수에 값을 넣지 않아도 무방하다. 만약, 연속된 번지 0, 1, ,2 다음에 5 번지에 값을 할당할 경우 배열의 전체 크기가 6(0~5번지)으로 확장되고, 값이 할당되지 않은 3, 4 번지는 undefined로 정의된다.

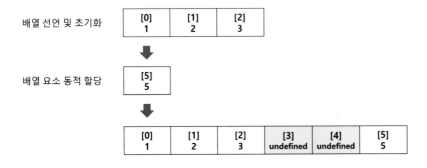

- 번지가 아닌 프로퍼티(property) 형태로 배열에 값을 저장할 수 있다.

프로퍼티란 객체가 가질 수 있는 값을 구분하는 key값을 의미한다. 프로퍼티는 객체에 연결된 값이기 때문에 [객체 이름].[프로퍼티] 형태로 사용한다. 자바스크립트에서 배열은 객체의 한 종류로 분류되므로 프로퍼티 값을 가질 수 있다. 단, 배열은 번지에 저장된 값만을 의미하므로 프로퍼티 값은 배열의 전체 길이에 포함되지 않는다.

아래 실습 코드와 그 결과를 살펴보자.

[실습 파일 : array2.js]

```
1    var newArray= [1,2,3];
2    newArray[5] = 'hello';
3    newArray[10] = true;
4    newArray.name = 'Array';
5
6    console.log(newArray);
7    console.log(newArray.length);
```

[실행 결과]

```
pi@raspberrypi:~ $ node array2.js
[ 1, 2, 3, , , 'hello', , , , , true, name: 'Array' ]
11
```

[소스코드 주요 설명]
- Line 1 : 숫자 배열 newArray 배열을 선언하고 1, 2, 3 세 개의 요소로 초기화한다.
- Line 2~4 : 자바스크립트는 배열을 초기화한 후 값을 대입하는 방식을 이용하여 배열 항목을 동적으로 추가할 수 있다. 배열의 5번지, 10번지에 문자열, 불린 타입의 값을 할당하고 name이라는 프로퍼티를 추가하였다.
- Line 6~7 : 배열의 값과 길이를 출력한다. 번지수를 지정하지 않고 배열 이름만 출력할 경우 배열이 갖고 있는 내용 전체를 출력할 수 있다. Line 3에 의해 10번지까지 배열 값이 추가되었기 때문에, 10개의 번지에 각 값이 할당되었으며 name 프로퍼티도 배열에 포함된 것을 알 수 있다. 단, length(자바스크립트에 내장된 객체로 배열의 전체 길이를 구할 수 있다)는 배열의 번지에 할당된 길이만 계산하므로 name 프로퍼티를 제외한 10개만 배열의 길이에 포함된다.
  - 다양한 메소드를 이용하여 배열의 요소를 동적으로 추가, 삭제할 수 있다.

메소드(Method)란 프로퍼티와 비슷하게 생겼지만 함수형태로 값에 접근하여 결과를 변형할 수 있는 형태를 이야기한다. 배열에 내장된 대표적인 메소드는 다음과 같다.

메소드 이름	설명
push()	배열의 마지막 번지에 요소를 추가한다.
unshift()	배열의 첫 번째 번지에 요소를 추가한다.
pop()	배열의 마지막 번지의 요소를 제거한다.
shift()	배열의 첫 번째 번지의 요소를 제거한다.

아래 실습 코드와 그 결과를 살펴보자.

[실습 파일 : array3.js]

```
1     var array = [1,2,3,4,5];

2

3     array.push(6);
4     console.log('push(6):', array);
5     array.unshift(10);
6     console.log('unshift(10):', array);
7     array.pop();
8     console.log('pop():', array);
9     array.shift();
10    console.log('shift():', array);
```

[실행 결과]

```
pi@raspberrypi:~ $ node array3.js
push(6): [ 1, 2, 3, 4, 5, 6 ]
unshift(10): [ 10, 1, 2, 3, 4, 5, 6 ]
pop(): [ 10, 1, 2, 3, 4, 5 ]
shift(): [ 1, 2, 3, 4, 5 ]
```

[소스코드 주요 설명]

- Line 1 : 크기 5를 갖는 숫자 배열 array를 선언하고 초기화한다.
- Line 3~4 : push() 메소드를 이용하여 배열의 마지막 번지에 6을 추가하고 그 내용을 출력한다.
- Line 5~6 : unshift() 메소드를 이용하여 배열의 첫 번째 번지에 10을 추가하고 그 내용을 출력한다.
- Line 7~8 : pop() 메소드를 이용하여 배열의 마지막 번지의 값을 제거하고 그 내용을 출력한다.
- Line 9~10 : shift() 메소드를 이용하여 배열의 첫 번째 번지의 값을 제거하고 그 내용을 출력한다.

■ 객체

객체란 'key(프로퍼티): value(요소)'로 여러 개의 자료를 하나의 변수로 관리하는 형태를 의미한다. 앞에서 설명한 배열과 비슷하지만 배열이 주소 번지를 key 값으로 갖는 것이 큰 차이점 중 하나이다. 또한 객체는 모든 자료형을 요소로 가질 수 있다.

객체를 생성하는 방법은 두 가지가 있다.

1. 빈 객체를 생성하 고 객체의 프로퍼티에 해당하는 요소를 넣는다. (생성 후 초기화)

    생성 후 객체에 요소를 추가할 때는 [객체이름].[프로퍼티]의 양식을 사용한다. 앞에서 보았던 .length같은 형태가 프로퍼티의 예제 중 하나이다.

2. 객체를 생성하며 '프로퍼티':'요소'의 형태로 값을 할당 한다. (생성과 초기화를 동시)

이 두 가지 방법으로 객체를 생성하고 그 결과를 확인해보자.

[실습 파일 : object1.js]

```
1    var studentA={};
2    studentA.name='Tom';
3    studentA.age=16;
4    studentA.gender='male';
5    studentA.examAverage = function(a,b,c){
6       return (a+b+c)/3;
7    };
8
9    var studentB={
10     name:'Jane',
11     age:17,
12     gender:'female',
13     examAverage: function(a,b,c){
14        return (a+b+c)/3;
15     }
16   };
17
18   console.log('studentA');
19   console.log('name:', studentA.name);
20   console.log('age:', studentA['age']);
21   console.log('gender:', studentA.gender);
22   console.log('examAverage:', studentA.examAverage(70, 60, 80));
23   console.log('====================');
24   console.log('studentB');
25   for(var title in studentB){
26      console.log(title+':', studentB[title]);
27   }
28   console.log(studentB['examAverage'](90,90,90));
```

```
pi@raspberrypi:~ $ node object1.js
studentA
name: Tom
age: 16
gender: male
examAverage: 70
====================
studentB
name: Jane
age: 17
gender: female
examAverage: function (a,b,c){
    return (a+b+c)/3;
  }
  90
```

[소스코드 주요 설명]

- Line 1~7 : studentA라는 이름의 빈 객체를 생성한다. 객체에 name, age, gender, examAverage 프로퍼티를 추가하고 요소에 값을 추가한다. 모든 자료형을 요소로 사용할 수 있으며, 문자열을 사용하는 요소일 경우 따옴표를 함께 사용하여야 한다.
- Line 9~16 : studentB라는 이름의 객체를 생성하고 name, age, gender, examAverage 프로퍼티에 요소를 추가한다.
- Line 18~23 : studentA 객체의 요소를 출력한다. 요소 값을 가져오는 방법으로 '.프로퍼티' 형식을 사용한다.
- Line 24~28 : studentB 객체의 요소를 출력한다. Linde 18-23의 방법처럼 각 프로퍼티를 하나씩 호출하여 출력할 수 있지만 for-in 문을 사용하면 더욱 간결하게 동일한 결과를 확인할 수 있다. for-in 문은 객체나 배열의 각 요소의 값을 가져올 수 있는 문법으로 for(인덱스 in 객체/배열)의 형식을 사용한다. 객체의 경우 인덱스를 프로퍼티로 사용하며 배열의 경우 주소 번지를 사용한다. for-in문을 이용하여 객체 전체의 프로퍼티와 요소를 출력한다.

배열과 마찬가지로 객체도 동적으로 값을 할당, 삭제하는 것이 가능하다. 자바스크립트가 갖는 큰 특징이라고 할 수 있다.

객체의 프로퍼티를 편집하는 방법은 두 가지가 있다.

- '객체이름.프로퍼티' 형식 : 객체 생성에서 보았던 형식으로 가장 보편적으로 프로퍼티를 다루는 방식

이다.

– '객체이름['프로퍼티']' 형식 : [] 괄호 안에 프로퍼티를 넣는 방식으로 문자열로 프로퍼티를 인식할 수 있도록 따옴표를 함께 사용하여야 한다.

예제를 통해 이미 생성된 객체의 요소 값을 변경하거나 추가, 삭제하는 방식을 살펴보자.

[실습 파일 : object2.js]

```javascript
1    var studentB={
2      name:'Jane',
3      age:17,
4      gender:'female',
5      examAverage: function(a,b,c){
6        return (a+b+c)/3;
7      }
8    };
9
10   console.log('name:', studentB.name);
11   console.log('age:', studentB.age);
12   studentB.name = 'Ann';
13   studentB['age'] = 20;
14
15   console.log('== change ==');
16   console.log('name:', studentB.name);
17   console.log('age:', studentB.age);
18
19   console.log('== add height ==');
20   studentB.height = 170;
21   console.log('height:', studentB.height);
22
23   console.log('== delete age ==');
24   delete studentB.age;
25   console.log('age:', studentB.age);
26   console.log('studentB:', studentB);
```

[실행 결과]

```
pi@raspberrypi:~ $ node object2.js
name: Jane
age: 17
== change ==
name: Ann
age: 20
== add height ==
height: 170
== delete age ==
age: undefined
studentB: { name: 'Ann',
  gender: 'female',
  examAverage: [Function: examAverage],
  height: 170 }
```

[소스코드 주요 설명]

- Line 1~8 : studentB라는 이름의 객체를 생성하고 name, age, gender, examAverage 프로퍼티에 요소를 추가한다.
- Line 10~11 : studentB 객체의 name, age 프로퍼티에 할당된 요소 값을 출력한다.
- Line 12~17 : name, age 프로퍼티에 요소를 변경하고 정상적으로 바뀌었는지 출력한다.
- Line 19~21 : studentB 객체에 height라는 새로운 프로퍼티를 추가하고 출력한다.
- Line 23~25 : studentB 객체의 age 프로퍼티를 삭제하고 그 결과를 출력한다. age프로퍼티가 없으므로 undefined라는 결과를 반환한다.
- Line 26 : studentB 객체 전체를 출력한다. 동적으로 수정한 내용이 모두 포함되어 있는 것을 확인할 수 있다.

■ 연산문

프로그래밍을 통한 사칙 연산과 논리 연산에 대해 간단히 알아보자. 각 특성에 대해 표로 정리하고 소스코드로 그 결과를 확인하면 쉽게 이해가 된다. 프로그래밍을 이용한 연산은 수학에서 사용하는 연산과 모양이 조금 다르니 주의하여야 한다.

사칙 연산	a=b	b를 a에 대입
	a+b	a 더하기 b
	a−b	a 빼기 b
	a*b	a 곱하기 b
	a/b	a 나누기 b
	a%b	a 나머지 b
논리연산	a>b (a<b)	b보다 a가 더 크면 true 반환(a보다 b가 더 크면 true 반환)
	a==b	a와 b가 같으면 true 반환
	a&&b	A와 b가 모두 true이면 true를 반환
	a‖b	A와 b 둘 중 하나만 true여도 true를 반환

[실습 파일 : operator.js]

```
1    var a = 8;
2    var b = 5;
3
4    console.log('a=', a, 'b=', b);
5    console.log('a+b=', a+b);
6    console.log('a−b=', a−b);
7    console.log('a*b=', a*b);
8    console.log('a/b=', a/b);
9    console.log('a%b=', a%b);
10
11   console.log('a>b ?', a>b);
12   console.log('a==b?', a==b);
13
14   console.log('true&&true=', true&&true);
15   console.log('true&&false=', true&&false);
16   console.log('false&&true=', false&&true);
17   console.log('false&&false=', false&&false);
18
19   console.log('true||true=', true||true);
20   console.log('true||false=', true||false);
21   console.log('false||true=', false||true);
22   console.log('false||false=', false||false);
```

[실행 결과]

```
pi@raspberrypi:~ $ node operator.js
a= 8 b= 5
a+b= 13
a-b= 3
a*b= 40
a/b= 1.6
a%b= 3
a)b ? true
a==b? false
true&&true= true
true&&false= false
false&&true= false
false&&false= false
true||true= true
true||false= true
false||true= true
false||false= false
```

[소스코드 주요 설명]

- Line 1~2 : a, b 두 개의 변수를 선언하고 초기화한다.
- Line 4~9 : 두 변수를 이용하여 사칙연산을 수행하고 그 결과를 출력한다.
- Line 12~32 : 논리 연산을 수행한다. '&&'와 '||'는 true와 false를 비교하기 때문에 a, b 두 변수의 값으로
  는 모든 경우의 수를 확인할 수 없다. 왜냐하면 a, b 두 변수에 할당된 값을 모두 true로 인식하기 때문이다.

■ 조건문

if, else if, else 구문을 사용하여, 각 조건 마다 다른 기능을 수행하도록 구현할 수가 있다. 조건문은 프로그
램에서 중요한 역할을 한다. 결국 어떤 조건인데 어떤 일을 수행할 것인지 구분하는 것이 모두 이 안에서
이루어지기 때문이다.

조건문은 if 구문만 사용할 수도 있고 조건에 따라 else if와 else를 추가할 수도 있다. 조건문을 도식화하면
다음과 같다.

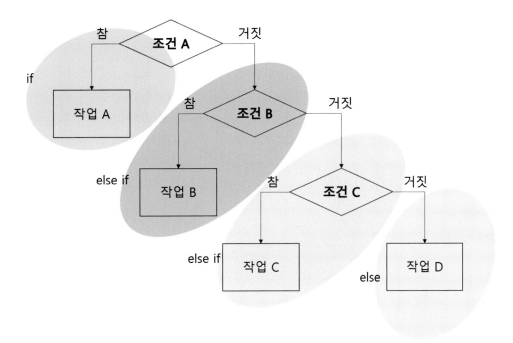

참 조건 A 거짓

if

작업 A

참 조건 B 거짓

else if

작업 B

참 조건 C 거짓

else if 작업 C 작업 D

else

⚓ 조건문의 구조

소스코드와 결과로 확인해보자.

[실습 파일 : operator.js]

```
1    var a = 5;
2    var b = 3;
3    var c = 5;
4
5    if(a 〉 b){
6      console.log('a is big');
7    }
8    else if(a 〈 b){
9      console.log('b is big');
10   }
11   else{
12     console.log('a is not big and b is not big');
13   }
14
15   if(a == c){
16     console.log('a is same to c');
17   }
```

[실행 결과]

```
pi@raspberrypi:~ $ node condition.js
a is big
a is same to c
```

[소스코드 주요 설명]

- Line 1~3 : a, b, c 세 개의 변수를 선언하고 초기화한다.
- Line 5~13 : if ~ else if ~ else 구문을 이용한 조건문을 표현하고 있다. a > b가 참이면 Line 6 수행, 그렇지 않고 a < b가 참이면 Line 9 수행, 위의 두 조건이 모두 참이면 Line 12를 수행한다. a > b가 참이기 때문에 Line 6을 수행하고 해당 if ~ else if~ else 구문을 빠져나온다.
- Line 15~17 : 새로운 조건문으로 a == c가 참이면 Line 16을 수행한다. 프로그래밍에서 두 개의 등호를 사용하는 것은 두 값이 같은지 비교하는 것이다. a와 c 변수 모두 5라는 값을 가지고 있으므로 조건문을 수행한다.

■ 반복문

반복문은 명시한 조건이 참일동안 반복해서 수행하는 문법을 말한다. 반복문은 크게 for, while, do-while로 구분된다. 세 종류의 반복문은 서로 대체 가능한 문법이니 본인이 편한 것을 선택하여 사용하면 된다.

- for문

① ② ③
for(초기화; 종료 조건; 증감연산)

for문은 세 개의 값으로 구성되어 있다.
① 시작하는 값을 초기화한다.
② 언제까지 반복할 것인지 종료 조건을 설정한다.
③ 초기 값부터 종료 조건에 이를 수 있도록 증감연산을 수행한다.

for문은 종료 조건이 반복할 때까지 수행하며, 수행 순서는 ① → ③ → ②이며 종료 조건이 참이 될 때까지 ③ → ②를 반복한다. 만약 for(; ;) 형식을 사용하면 무한루프를 수행한다. 즉, for문이 종료되지 않고 무한반복하여 수행한다.

- while문

while문은 조건이 참일 때까지 반복한다.
While(1) 형식으로 사용하면 조건이 항상 참이 되므로 무한루프를 수행한다.

```
while(조건){

}
```

- do—while문

  do-while문은 while문과 비슷하지만 수행 횟수에서 차이가 보인다. while문은 조건이 거짓이면 while문을 한 번도 수행하지 않을 수 있지만 do-while문에서는 do 안의 내용을 무조건 먼저 수행하고 while의 조건을 확인한다.

```
do{
}
while(조건)
```

[실습 파일 : loop.js]

```
 1      var count = 0;
 2
 3      console.log('Example: for')
 4      for(count=0; count < 5; count++){
 5        console.log('count:', count);
 6      }
 7
 8      count = 0;
 9      console.log('Example: while')
10
11      while(count < 5){
12        console.log('count:', count);
13        count++;
14      }
15
16      count = 0;
17      console.log('Example: do—while')
18
19      do{
20        console.log('count:', count);
21        count++;
22      }while(count < 5);
```

[실행 결과]

```
pi@raspberrypi:~ $ node loop.js
Example: for
count: 0
count: 1
count: 2
```

```
count: 3
count: 4
Example: while
count: 0
count: 1
count: 2
count: 3
count: 4
Example: do-while
count: 0
count: 1
count: 2
count: 3
count: 4
```

[소스코드 주요 설명]

- Line 1 : count 변수를 생성하고 초기화한다.
- Line 3~6 : for문에 따라 count가 0부터 5보다 작을 때까지 즉, 0~4까지 count를 출력한다.
- Line 8~14 : 다시 count 변수를 초기화하고 while문에 따라 count가 5보다 작을 때까지 count를 출력한다.
- Line 6~22 : 다시 count 변수를 초기화하고 do-while에 따라 count가 5보다 작을 때까지 count를 출력한다. 단, do 안에 있는 count 값을 먼저 출력하고 while 문의 조건을 확인한다.

■ 함수

함수는 한 번에 수행할 기능을 { } 괄호로 묶어 처리하는 블록을 의미한다. 자바스크립트에서는 함수를 변수처럼 사용할 수 있는 것이 특징이고, callback함수를 이용하여 사용자가 아닌 시스템에서 결정하여 수행하도록 한다.

자바스크립트의 특징 중 하나는 하나의 이벤트가 시작하면 종료될 때까지 기다리는 것이 아닌, 이벤트를 넣어 두고 내부에서 수행하는 것이다. 이벤트 루프에 걸어놓은 이벤트가 수행해야할 때 이 callback 함수를 이용하는 것이다.

자바스크립트에서 함수를 사용할 때 주의해야할 점은 다음과 같다.

　　- 변수에 함수를 할당할 수 있다.
　　- 함수 이름을 필수로 사용하지 않아도 된다.

그 특징에 따라 다음 소스코드를 보고 결과를 예측해보자.

[실습 파일 : function.js]

```
1      console.log('add1:', add1(3, 4));
2      //console.log('add2:', add2(3, 4)); // TypeError: add2 is not a function
3
4      function add1(a, b){
5        return a + b;
6      }
7
8      var add2 = function(a, b){
9        return a + b;
10     }
11
12     console.log('add2:', add2(3, 4));
```

[실행 결과]

```
pi@raspberrypi:~ $ node function.js
add1: 7
add2: 7
```

[소스코드 주요 설명]
- Line 1 : 함수 add1을 수행하고 결과를 터미널에 출력한다.
- Line 2 : 함수 add2를 수행하고 결과를 터미널에 출력한다.
- Line 4~6 : 매개변수 a와 b를 더하여 반환하는 함수 add1을 생성한다.
- Line 8~10 : 매개변수 a와 b를 더하여 반환하는 함수 add2를 생성한다.
- Line 12 : 함수 add2를 수행하고 결과를 터미널에 출력한다

소스코드를 수행하면 Line 2에서 에러가 발생할 것이다. 함수는 선언하는 방식에 따라 그 유효 범위가 달라지기 때문에 발생하는 문제로, 함수표현식(Line 8~10)의 형태로 함수를 만든 경우와 함수를 선언 형태(Line 4~6)로 만든 경우에 유효 범위가 달라진다. 따라서 Line 2는 에러가 발생하지만 Line 1과 12는 에러가 발생하지 않는다.

■ 타이머
자바스크립트에서는 실행할 작업에 대한 시간을 설정하는 타이머를 가지고 있다. 웹 프로그래밍이에서도 타이머가 많이 쓰이지만 이 책의 특성상 전자 부품을 제어할 때 반복된 시간 주기로 정보를 수집하거나, 일정 시간 이후에 특정 작업을 처리하게 하는 등의 방법으로 쓰인다.
타이머의 종류는 다음과 같다.

- setInterval : 특정 시간마다 정의한 프로그램을 수행한다.
- setTimeout : 특정 시간 이후 정의한 프로그램을 한 번만 수행한다.
- clearInterval : setInterval이나 setTimeout으로 수행하고 있던 프로그램을 멈춘다.

타이머에 쓰이는 시간 단위는 ms로 1000은 1초를 의미한다. 이제 각 타이머가 어떻게 쓰이는지 다음 예제를 통해 살펴보자.

[실습 파일 : setinterval.js]

```
1    var count = 0;
2
3    var interval = setInterval(function(){
4      console.log('3 hello');
5      count++;
6
7      if(count == 3)
8        clearInterval(interval);
9    }, 1000);
10
11   setInterval(function(){
12     console.log('loop hello');
13   }, 1000);
```

[실행 결과]

```
pi@raspberrypi:~ $ node setinterval.js
3 hello
loop hello
3 hello
loop hello
3 hello
loop hello
loop hello
loop hello
loop hello
...
```

[소스코드 주요 설명]

- Line 1 : count 변수를 생성하고 0으로 초기화한다.
- Line 3~9 : setInterval을 생성하고 interval변수에 그 결과를 할당한다. setInterval은 1초에 한 번씩 count 변수의 값을 1씩 증가시키고 '3 hello'를 터미널에 출력한다. count가 3이 되면 clearInterval에 의해 동작을 멈춘다.
- Line 9~13 : setInterval을 생성한다. 1초에 한 번씩 터미널에 'loop hello'를 출력하며, 별도의 종료 이벤트가 설정되어 있지 않으므로 사용자가 프로그램을 종료할 때까지 무한으로 실행한다. 만약 프로그램을 종료하고 싶다면 Ctrl+C로 종료 이벤트를 생성한다.

[실습 파일 : settimeout.js]

```
1    var timeout = setTimeout(function(){
2      console.log('do not run');
3    }, 3000);
4
5    setTimeout(function(){
6      console.log('hello timeout');
7    }, 5000);
8
9    clearTimeout(timeout);
```

[실행 결과]

```
pi@raspberrypi:~ $ node settimeout.js
hello timeout (5초 뒤)
```

[소스코드 주요 설명]

- Line 1~3 : setTimeout을 생성하고 변수 timeout에 그 값을 할당한다. 3초 후에 setTimeout 내의 'do not run'를 터미널에 출력하도록 만들었다.
- Line 5~7 : setTimeout을 생성하고 5초 후에 터미널에 'hello timeout'을 출력하고 종료한다.
- Line 9 : clearTimeout을 이용해 timeout에 할당된 타이머를 종료한다.

실행 결과를 보면 'do not run'은 출력되지 않고 5초 후에 'hello timeout'만 출력하고 프로그램이 종료된다. 3초 후에 실행될 timeout에 할당된 타이머가 clearTimeout을 만나 그 전에 강제 종료되었기 때문이다.

2 Node.js 내장 패키지(http, file system, child_proces)

Node.js에서 패키지를 이용하여 그 기능을 확장하기 위해서 NPM이라는 것을 사용한다는 것을 앞에서 설명하였다. NPM을 이용하여 패키지를 추가할 수도 있지만, Node.js가 자체적으로 포함하고 있는 패키지를 활용하여 기능을 구현할 수도 있다. 내장되어 있기 때문에 별도의 설치과정을 거치지 않고 바로 사용할 수 있으며, 프로그램 내에서 어떤 패키지를 사용할 것인지 [var fs = require('fs');]과 같은 형태로 프로그램 앞 부분에 선언이 필요하다. Node.js v6.9.2의 내장 패키지에 대한 정보는 https://nodejs.org/dist/latest-v6.x/docs/api/ 에서 확인할 수 있다.

소스코드 상에 패키지를 추가하는 방식은 외장 패키지를 추가하는 방식과 동일하며 프로그램 내에서 패키지를 탐색하는 방식은 다음과 같다.

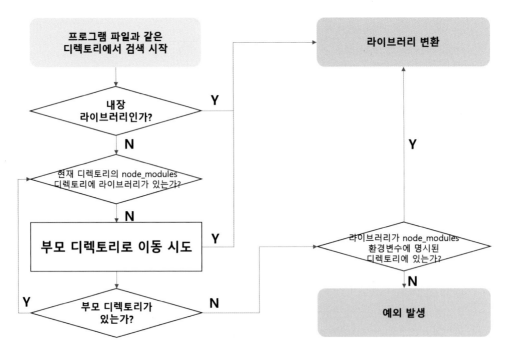

⚓ 패키지 로딩 구조

내장 패키지 중에 활용도가 높은 HTTP, File System, Child Process 부분 패키지를 중심으로 실습해보도록 하자.

■ http

http는 웹서버를 생성하는 패키지다이다. Node.js에서는 http를 이용하여 단 몇 줄로 간단하게 웹서버를 운영할 수 있다.

● **웹서버**

웹서버란 웹브라우저를 통해 웹페이지를 클라이언트로 전달하는 서버를 의미한다. 이러한 개념이 생소해 보이지만 늘 사용하고 있던 것이다. 포털 사이트에서 키워드를 검색하고 그에 관한 내용을 클릭하였을 때 보이는 정보는 내가 사용하고 있는 컴퓨터에 저장된 내용이 아닌 원격에 있는 웹서버에서 그 내용을 가져와 보여주는 것이다.

웹서버와 웹클라이언트(사용자가 접속하는 기기) 간의 통신은 요청(Request)와 응답(Response)로 구성된다.

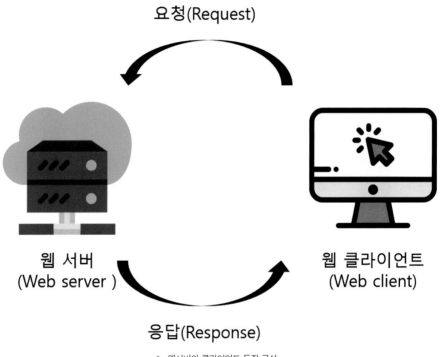

웹서버와 클라이언트 동작 구성

http는 다음 두 개의 메소드를 이용하여 웹서버를 생성한다.

- createServer() : 서버를 생성하는 메소드이다. 웹서버 동작 방식에 따라 요청(Request) 이벤트에 대한 응답(Response) 처리를 추가한다.

- listen() : 웹서버와 클라이언트의 연결을 기다린다. 웹서버는 포트 번호를 할당하여 통신하는데 만약 별도의 포트를 설정하지 않는다면 80번 포트를 사용하고, 원하는 포트 번호를 설정할 수 있다.

웹서버를 생성하는 가장 간단한 방법은 다음과 같다. 웹서버를 생성하고 웹페이지를 열어 'localhost:8080' 혹은 '라즈베리파이IP주소:8080'로 결과를 확인하여 보자. localhost는 라즈베리파이를 비롯한 컴퓨터가 가지고 있는 loopback주소로 컴퓨터가 자기 자신에 접속할 때 사용할 수 있는 주소로 127.0.0.1로 정의되어 있다.

[실습 파일 :http1.js]

```
1    var http = require('http');
2    var server = http.createServer();
3    server.listen();
```

[실행 결과1 – 웹서버]

```
pi@raspberrypi:~ $ node http1.js
```

[실행 결과]

본인의 라즈베리파이에서 Web Browser 클릭 후, localhost:8080 입력

웹서버가 생성될 것이라는 예상과 달리 웹페이지에는 아무 것도 보이지 않는다. 웹서버를 동작하기 위해서 요청, 응답이 이루어져야한다고 했는데 그에 대한 처리가 아무 것도 이루어지지 않았기 때문이다.

요청과 응답에 대한 처리는 createServer() 메소드에서 처리하며 콜백함수 형식으로 등록할 수 있다. 웹클라이언트가 웹서버에게 이벤트 요청을 보내면 웹서버는 다양한 형태로 응답을 보낼 수 있다. 웹서버에서 응답을 처리할 수 있는 대표적인 콘텐츠 종류는 다음과 같다.

콘텐츠 종류	설명
text/plain	기본적인 문자 형식
text/html	HTML 문서 형식
text/css	CSS 문서 형식
text/xml	XML 문서 형식
image/jpeg	JPG/JPEG 그림 파일
image/png	PNG 그림 파일
video/mpeg	MPEG 비디오 파일
audio/mp3	MP3 음악 파일

웹 서브는 이러한 콘텐츠를 메소드를 이용하여 웹클라이언트에게 응답으로 보낸다. 이 때 사용하는 메소드는 다음과 같다.

- writeHead() : 응답 코드에 대해 어떤 콘텐츠로 응답할지 정의하는 헤더이다. 통신 규약에서 정의하고 있는 응답 코드는 다음과 같다.

응답코드	설명
1xx	정보 전달
2xx	성공
3xx	리다이렉션
4xx	클라이언트 오류
5xx	서버 오류

- end() : writeHead() 메소드에 정의한 콘텐츠가 실제로 담기는 바디에 해당한다.

이전에 생성한 웹서버는 프로그래밍에 문제가 없다면 사용자가 정지할 때까지 계속 실행될 것이다. 하나의 포트에 하나의 서버만 실행할 수 있으므로 서버를 종료할 때는 반드시 Ctrl+C를 눌러 종료하도록 하자.

이제 요청과 응답을 추가하여 웹서버를 실행하여 보자.

[실습 파일 : http2.js]

```
1    var http = require('http').createServer(function(request, response){
2        response.writeHead(200, {'Content-Type':'text/html'});
3        response.end('<h1> hello world </h1>');
4    }).listen(8080, function(){
5        console.log('werver is running');
6    });
```

[실행 결과1 - 웹서버]

```
pi@raspberrypi:~ $ node http2.js
Server is running
```

[실행 결과 2 - 웹클라이언트]

http를 이용한 웹서버 구동

본인의 라즈베리파이에서 Web Browser 클릭 후, localhost:8080 입력

■ fs(File System)

File System은 파일을 읽거나 쓰는 기능을 모아둔 패키지이다. fs 패키지를 통해서 파일을 만들거나, 파일의 내용을 읽을 수도 있다. 앞서 언급되었던 동기 방식과 비동기 방식의 차이도 확인할 수 있으니, 먼저 실습코드와 그 결과를 살펴보도록 하자

[실습 파일 : fs.js]

```
1    var fs = require('fs');
2
3    fs.writeFile('fs_async', 'Hello async', function(err){
4      if(err)
5        throw err;
6
7      fs.readFile('fs_async', 'utf8', function(err, data){
8        if(err)
```

```
9          throw err;
10         console.log('[Read] fs_async: ', data);
11       });
12     });
13
14     fs.writeFileSync('fs_sync', 'Hello sync');
15     console.log('[Read] fs_sync: ', fs.readFileSync('fs_sync', 'utf8'));
```

[실행 결과]

```
pi@raspberrypi:~ $ node fs.js
[Read] fs_sync:  Hello sync
[Read] fs_async:  Hello async
pi@raspberrypi:~ $ cat fs_sync
Hello sync
pi@raspberrypi:~ $ cat fs_async
Hello async
```

[소스코드 주요 설명]

- Line 1 : fs 사용을 위해 패키지를 추가한다.
- Line 3~12 : 비동기 방식으로 fs_async 파일에 "Hello async" 문자를 저장 후, fs_async 파일을 열고 내용을 출력한다. 비동기 방식을 이벤트를 생성하고 처리가 끝날 때까지 기다리는 것이 아니라 이벤트 생성 후 callback에 의해 이벤트를 처리하도록 한다.
- Line 14~15 : 동기 방식으로 fs_sync 파일에 "Hello sync" 문자를 저장 후, fs_sync 파일 열고 내용 출력한다. 동기 방식이기 때문에 fs_sync에 파일을 쓰는 작업이 끝나야 다음 작업을 수행한다. 만약, fs.writeFileSync()에서 처리해야할 일이 많다면 console.log()를 수행하는 시점에 fs_sync 파일에 내용이 없을 수 있다.

■ child_process

child_process를 프로그램 실행 중에 자식 프로세스를 실행할 수 있는 Node.js 내장 패키지이다. 즉, 프로그램을 실행하는 프로세스 아래에 또 새로운 프로세스를 실행할 수 있다.

● 프로세스

컴퓨터에서 실행되고 있는 프로그램을 의미한다. 라즈베리파이를 비롯한 컴퓨터에서 멀티 프로세싱이 가능하여 동시에 여러 개의 프로그램을 띄우고 실행할 수 있다.

child_process는 exec()와 spawn()으로 크게 나뉜다.

- exec() : exec()는 터미널에서 사용할 수 있는 모든 명령어를 실행할 수 있다. 명령어를 실행하여 그 결과값을 확인하는데 편리하다. 실행 명령어와 함께 callback을 사용하여 실행한 결과값(표준 출력: stdout, 표준 에러:stderr, 에러: err)을 활용할 수 있다.
- spawn() : spawn()은 stdout(표준 출력), stderr(표준 에러) 등의 통로를 분리하고 프로세스를 실행할 수 있다. Spawn() 역시 exec()와 마찬가지로 터미널에서 사용할 수 있는 모든 명령어를 실행할 수 있으며 명령어와 그에 따른 옵션 값을 분리하여 적는다. exec()와 달리 spawn()은 프로세스 실행 중 그 값을 stdout 또는 stderr로 출력하여 확인할 수 있다는 것이다.

exec()와 spawn()에 대해 각 예제를 생성하고 그 결과를 확인해보자. exec()와 spawn() 모두 child_process 패키지에 포함되어 있으므로 패키지를 추가할 때 .exec 또는 .spawn의 형태로 구분하여야 한다. 먼저 exec()를 실행하고 결과를 확인해보자.

[실습 파일 : exec.js]

```
1    var exec = require('child_process').exec;
2
3    exec('touch new_file');
4
5    exec('date', function(error, stdout, stderr){
6      console.log('date command');
7      console.log(error, stdout, stderr);
8    });
9
10   exec('node fs.js', function(error, stdout, stderr){
11     console.log('node fs.js');
12     console.log(stdout);
13   });
```

[실행 결과]

```
pi@raspberrypi:~ $ node exec.js
date command
null '2018. 02. 18. (일) 18:45:29 KST₩n' ''
node fs.js
[Read] fs_sync:  Hello sync
[Read] fs_async:  Hello async
```

[소스코드 주요 설명]

- Line 1 : exec()를 사용하기 위하여 child_process 패키지를 추가한다.
- Line 3 : touch new_file 명령어를 자식 프로세스로 실행한다. touch는 리눅스 명령어로 파일의 날짜 정보를 변경하는 명령어로, 빈 파일에 touch 명령어를 사용할 경우 새로운 파일을 생성한다.
- Line 5~8 : date 명령어를 사용하여 날짜/시간 정보를 출력한다. callback 함수로 err, stdout, sterr를 받아오도록 하였으며 stdout에 date 명령어 실행 결과가 담겨 출력된다.
- Line 10~13 : node fs.js 명령어로 파일을 실행한다. 앞에서 만든 fs.js 파일의 내용을 stdout에 받아 출력한다.

이제 spawn()을 이용하는 방법을 사용해 그 결과를 확인해보자.

[실습 파일 : exec.js]

```
1    var spawn = require('child_process').spawn;
2    var sp = spawn('ping', ['127.0.0.1', '-c', '5']);
3
4    sp.stdout.on('data', function(data){
5      console.log('stdout: ', data.toString());
6    });
7
8    sp.stderr.on('data', function(data){
9      console.log('stderr: ', data);
10   });
11
12   sp.on('exit', function(){
13     console.log('exit');});
```

[실행 결과]

```
pi@raspberrypi:~ $ node spawn.js
stdout:  PING 127.0.0.1 (127.0.0.1) 56(84) bytes of data.
64 bytes from 127.0.0.1: icmp_seq=1 ttl=64 time=0.077 ms
stdout:  64 bytes from 127.0.0.1: icmp_seq=2 ttl=64 time=0.077 ms
stdout:  64 bytes from 127.0.0.1: icmp_seq=3 ttl=64 time=0.111 ms
stdout:  64 bytes from 127.0.0.1: icmp_seq=4 ttl=64 time=0.065 ms
stdout:  64 bytes from 127.0.0.1: icmp_seq=5 ttl=64 time=0.071 ms

—— 127.0.0.1 ping statistics ——
```

```
5 packets transmitted, 5 received, 0% packet loss, time 4154ms
rtt min/avg/max/mdev = 0.065/0.080/0.111/0.017 ms
exit
```

[소스코드 주요 설명]
- Line 1 : spawn()를 사용하기 위하여 child_process 패키지를 추가한다.
- Line 2 : 'ping 127.0.0.1 -c 5' 명령어를 자식 프로세스로 실행한다. 자신의 루프백 IP 주소로 5번의 ping을 전송하는 명령어이다.
- Line 4~6 : 프로세스가 실행될 때 표준 출력에 대한 부분을 data에 담아서 출력한다. stdout에는 ping을 전송할 때 line-by-line으로 출력되는 내용을 담는다.
- Line 8~10 : 프로세스가 실행될 때 표준 에러에 대한 부분을 data에 담아서 출력한다. 해당 명령어에서 표준 에러로 처리된 부분이 없으므로 실행 결과에 어떠한 출력문도 나오지 않는다.
- Line 12~14 : 프로세스가 종료될 때 처리하는 부분으로, 터미널에 exit를 출력한다.

3 Web Service(Express, Socket.io)

■ Express

Express는 Node.js의 외장 패키지로 HTTP처럼 웹서버를 생성한다. Express는 웹서버 생성에 필요한 모든 작업을 사용하자 하지 않고, 웹서버를 생성하는데 필요한 작업 일부를 프레임워크에서 처리하여 http보다 쉽고 빠르게 웹서버를 생성할 수 있는 장점이 있다. 이번 과정에서는 소켓 통신을 위해 express를 사용하므로 간단하게 웹서버를 생성하는 정도만 살펴보고 넘어간다. Express에 대한 자세한 내용은 https://www.expressjs.com에서 살펴볼 수 있다.

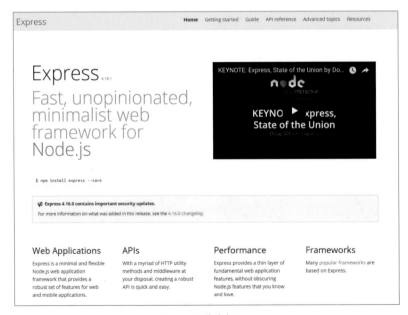

☝ express 웹 사이트

Express는 외장 패키지이기 때문에 NPM에서 다운로드받아 설치하여야 한다. 리눅스 패키지를 apt-get 명령어를 이용하여 관리하였다면 Node.js 패키지는 npm 명령어를 이용하여 관리한다. Express를 설치하는 명령어는 다음과 같다. 설치한 NPM 패키지는 node_modules 하위 디렉토리에 저장한다. 패키지 설치는 시스템에 영향을 미치기 때문에 명령어 앞에 'sudo'를 붙여 root권한으로 실행하도록 한다.

```
pi@raspberrypi:~$ sudo npm install express
```

이제 express를 이용하여 웹서버를 생성해보자. Express는 express()라는 최상위 함수와 메소드를 사용하여 웹서버를 생성한다. 웹서버를 생성하는데 필요한 메소드는 다음과 같다.

- get() : Express는 지정된 콜백 함수를 이용하여 웹클라이언트의 요청을 지정된 경로로 라우팅한다.

● **라우팅**

웹페이지는 URL(Uniform Resource Locator)를 이용하여 각 페이지를 구분한다. 이렇게 구분되는 각각을 경로(path)라고 하며, 웹서버는 각 경로에 따라 다른 값을 웹클라이언트에게 응답할 수 있다. 최상위 경로인 '/'는 'localhost:8080/'을 의미한다.

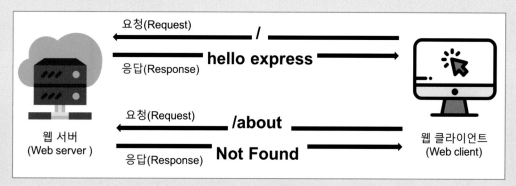

⚓ express를 이용한 라우팅의 예

위의 예제에서는 웹클라이언트가 '/'으로 라우팅한 경우, 해당 경로에 정의된 값인 'hello express'를 응답으로 반환한다. 반면에 '/about'으로 라우팅한 경우, 미리 정의된 값이 없으므로 'Not Found'를 반환하였다.

- listen() : 웹서버와 클라이언트의 연결을 기다리며 포트번호를 함께 설정한다.

이제 express를 이용하여 웹서버를 생성해보자.

[실습 파일 : exec.js]

```
1      var express = require('express');
2      var app = express();
3
4      app.get('/', function(request, response){
5        response.send('Hello express');
6      });
7
8      app.listen(8080, function(){
9        console.log('Server is running');
10     });
```

[실행 결과1 - 웹서버]

```
pi@raspberrypi:~ $ node express.js
Server is running
```

[실행 결과2 - 웹클라이언트]

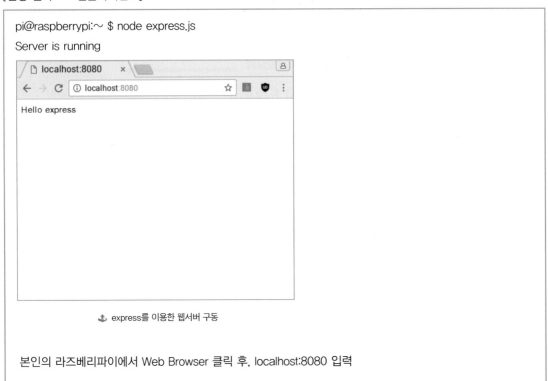

⚓ express를 이용한 웹서버 구동

본인의 라즈베리파이에서 Web Browser 클릭 후, localhost:8080 입력

- **Socket.io**

Socket.io는 이벤트 기반의 실시간 양방향 통신을 지원하는 엔진이다. http, express와 연동하여 웹 통신 포트를 통해 실시간 서버를 구축할 수 있으며 웹페이지 상에 socket.io 클라이언트를 동작시킬 수 있다. socket.io의 장점은 모든 플랫폼, 웹브라우저 기기에서 실시간성과 신뢰성을 보장하며 동작한다는 것이다. 또한 실시간 분석과 전송이 가능하기 때문에 카카오톡과 같은 실시간 채팅 앱, 문서 공유 플랫폼과 같은 서비스 개발에 적합하다. Socket.io에 대한 자세한 좀 더 자세한 내용은 https://www.socket.io에서 확인할 수 있다.

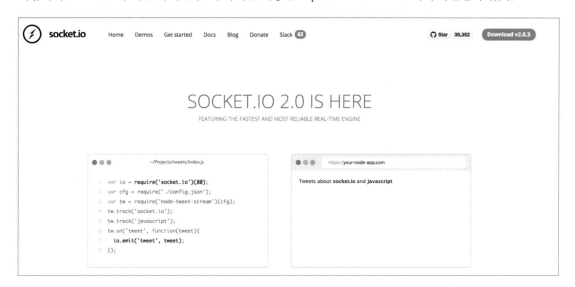

socket.io 웹 사이트

socket.io 또한 Node.js에서 지원하는 외장 패지키지이기 때문에 NPM을 통해 다운로드 및 설치가 가능하다. 설치 명령어는 다음과 같다.

```
pi@raspberrypi:~$ sudo npm install socket.io
```

Socket.io를 이용한 웹 소켓 통신은 앞에서 설명한 http, express와 다르게 양 끝의 웹 소켓 클라이언트가 통신하는 것이다. 웹 소켓 서버는 웹 소켓 클라이언트가 통신하는 내용을 전달하고 저장할 수 있다.

웹 소켓 클라이언트1	웹 소켓 서버	웹 소켓 클라이언트2
(Web socket client)	(Web socket server)	(Web socket client)

웹 소켓 서버와 클라이언트

웹 소켓 통신은 웹 소켓 서버와 웹 소켓 클라이언트와의 연결을 관리하는 두 개의 이벤트를 갖는다.

    - connection : 웹 소켓 클라이언트가 연결할 때 발생하는 이벤트

    - disconnect : 웹 소켓 클라이언트가 연결을 해제할 때 발생하는 이벤트

양 끝의 웹 소켓 클라이언트와 웹 소켓 서버가 이벤트를 처리하는데 사용하도록 정의된 메소드는 다음과 같다.

    - on() : 소켓 이벤트를 연결한다.

    - emit() : 소켓 이벤트를 발생한다.

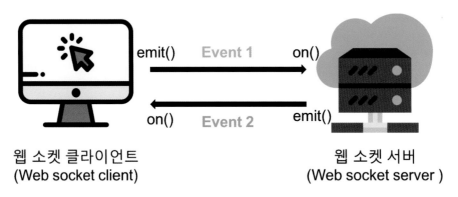

⚓ 웹 소켓 서버와 클라이언트의 이벤트 처리 메소드

위의 그림에서 알 수 있듯이 on(), emit() 메소드는 웹 소켓 서버와 클라이언트를 구분하지 않고, 이벤트를 기준으로 발생과 연결을 나누어 처리한다.

웹 소켓 통신을 해보자. 앞에서 다루었던 http, express와 달리 socket.io는 소켓 생성을 웹클라이언트에서 하기 때문에 웹클라이언트도 함께 만들어야 한다. 실습 파일 중 socket.js는 웹 소켓 서버를, socket.html은 웹 소켓 클라이언트 파일이다.

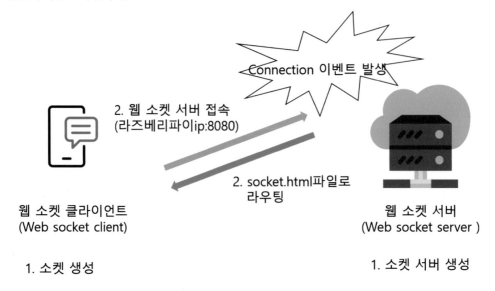

⚓ 웹 소켓 통신 동작

웹 소켓은 웹클라이언트가 접속할 때마다 새롭게 생성되므로, 동시에 최대 65,535개까지 접속이 가능하다.

[실습 파일1 : socketio.js]

```
1    var app = require('express')();
2    var server = require('http').Server(app);
3    var io = require('socket.io')(server);
4
5    server.listen(8080, function(){
6      console.log('Server is running');
7    });
8
9    app.get('/', function(request, response){
10     response.sendFile(__dirname + '/socketio.html');
11   });
12
13   io.on('connection', function(socket){
14     console.log('connect');
15   });
```

[실습 파일2 : socketio.html]

```
1    <html>
2    <head>
3    <script src="https://code.jquery.com/jquery-3.3.1.min.js"></script>
4    <script src='/socket.io/socket.io.js'></script>
5    <script>
6    $(function(){
7      var socket = io();
8    });
9    </script>
10   </head>
11   <body>
12     Hello Socket.io
13   </body>
14   </html>
```

[실습 결과1]

pi@raspberrypi:~ $ node socketio.js
Server is running
connect (Web Browser를 실행시켰을 때)

[실습 결과2]

본인의 라즈베리파이에서 Web Browser 클릭 후, localhost:8080 입력

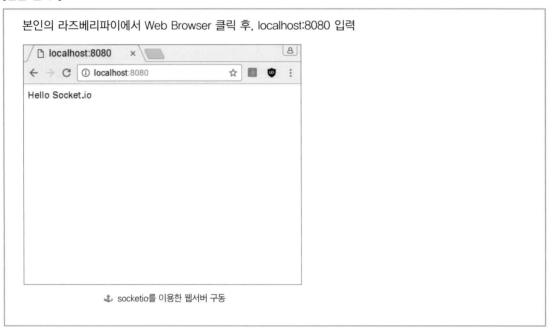

⚓ socketio를 이용한 웹서버 구동

[소스코드 주요 설명 – socketio.js]

- Line 1~3 : fs 웹 소켓 서버를 생성한다. Socket.io는 http, express 패키지를 함께 이용하여 웹 소켓 서버를 생성하기 때문에 3줄을 규칙처럼 함께 사용하여야 한다.

- Line 5~7 : 포트번호 8080으로 웹 소켓 서버를 생성하고 웹 소켓 클라이언트가 접속하기를 기다린다. 서버 생성이 정상적으로 되었다면 웹 소켓 서버의 터미널에 'Server is running'를 출력한다.(실습 결과 1 참고)

- Line 9~11 : '/' 경로에 대한 웹 소켓 클라이언트의 요청에 따라 socket.html 파일을 화면에 출력한다. __dirname은 디렉토리 이름을 의미하는 것으로 웹 소켓 서버가 실행되고 있는 디렉토리를 의미한다. 예를 들어 pi 계정의 홈 디렉토리(/home/pi)에서 웹 소켓 서버를 실행하고 있다면 __dirname은 /home/pi가 된다. 즉, __dirname+'/socket.html'은 /home/pi/socket.html 파일을 의미하는 것으로 사용할 파일의 경로를 확인하는 것이 중요하다.

- Line 13~15 : connection 이벤트가 on() 메소드에 의해 연결되면 웹 소켓 서버의 터미널에 'connect'를 출력한다.(실습 결과 1 참조)

[소스코드 주요 설명 - socketio.html]

웹 소켓 클라이언트 동작은 웹페이지를 만드는데 사용하는 HTML 태그와 jQuery가 함께 사용되고 있다. HTML과 jQuery는 이번 책의 주제에서 벗어나므로 소스코드 상에서만 간단히 설명하고 넘어간다. HTML 태그의 기본 구조는 다음과 같다.

```
〈html〉
  〈head〉
    웹페이지의 정보나 머리말 등에 웹페이지 동작에 관한 정보를 처리하는 부분
  〈/head〉
  〈body〉
    웹페이지에서 겉으로 보이는 부분을 처리하는 부분
  〈/body〉
〈/html〉
```

함께 사용하는 jQuery는 자바스크립트와 연동하여 사용하는 패키지로 HTML 파일 내에서 사용할 수 있다.

- Line 3 : jQuery를 사용하기 위하여 패키지를 추가한다. 해당 파일에서는 3.1.1 버전의 jQuery 를 사용한다. 웹페이지 주소를 정상적으로 입력하지 않으면 파일이 정상적으로 동작하지 않는다.
- Line 4 : socket.io 패키지를 추가한다.
- Line 5~9 : 웹 소켓을 생성한다. jQuery문법을 사용하며, $는 jQuery에서 함수를 의미한다. 앞으로 웹 소켓 클라이언트 동작에 관련된 것은 Line 7 아래에 입력하여 생성한 웹 소켓이 해당 동작을 수행하도록 한다.
- Line 12 : 웹페이지에 보여지는 외관을 만드는 부분으로 웹페이지에 'Hello Socket.io'를 출력한다.(실습 결과 2 참조)

새로운 웹 소켓 클라이언트가 웹 소켓 서버에 접속할 때마다 터미널에 'connect' 메시지가 출력될 것이다. 하나의 소켓이 생성될 때마다 1 개의 메시지를 출력하도록 하였지만 웹브라우저 내부 동작에 의해 한 번에 여러 개의 'connect' 메시지가 출력될 수 있다.

웹 소켓 서버를 생성하고 웹 소켓 클라이언트와 어떻게 동작하는지 간단한 예제를 살펴보았다. 이제 웹 소켓 서버와 클라이언트 간에 어떻게 이벤트를 주고받는지 살펴보자. 이번 예제에서는 총 4개의 이벤트를 생성하였다.

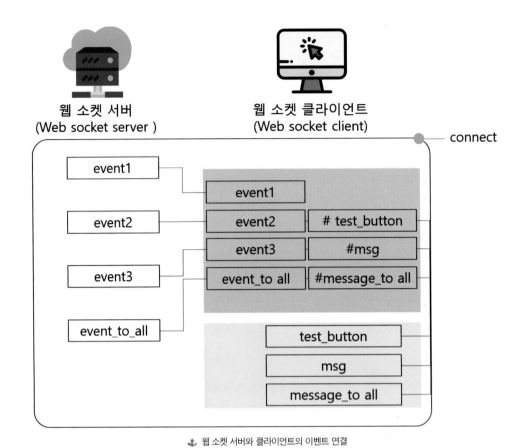

웹 소켓 서버와 클라이언트의 이벤트 연결

웹 소켓 서버와 클라이언트가 연결되는 부분의 이벤트 이름을 동일하게 설정해야 한다. 웹 소켓 클라이언트 내부에서 head 태그와 body 태그 안에 정의하는 이벤트 이름도 동일하게 설정해야 한다. 이렇게 설정해야 어떤 이벤트가 어디로 연결되는지 정확하게 찾아갈 수 있기 때문이다.

[실습 파일1 : socketio_ex.js]

```
1    var exec = require('child_process').exec;
2    var app = require('express')();
3    var server = require('http').Server(app);
4    var io = require('socket.io')(server);
5
6    server.listen(8080, function(){
7      console.log('Server is running');
8    });
9
10   app.get('/', function(request, response){
11     response.sendFile(__dirname + '/socketio_ex.html');
```

```
12    });
13
14    io.on('connection', function(socket){
15      console.log('connect');
16
17      socket.on('event1', function(){
18        console.log('receive event(1)');
19      });
20
21      socket.on('event2', function(data){
22        console.log('receive event(2): ', data);
23
24        exec('date +%H:%M:%S', function(error, stdout, stderr){
25          socket.emit('event3', stdout);
26        });
27      });
28    });
29
30    var count = 0;
31    setInterval(function(){
32      count++;
33      io.emit('event_to_all', count);
34    }, 1000);
```

[실습 파일2 : socketio_ex.html]

```
1     〈html〉
2     〈head〉
3     <script src="https://code.jquery.com/jquery-3.3.1.min.js"〉</script〉
4     〈script src='/socket.io/socket.io.js'〉</script〉
5     〈script〉
6     $(function(){
7       var socket = io();
8
9       socket.emit('event1');
10
11      $('#test_button').click(function(){
```

```
12          socket.emit('event2', 'Hello from HTML');
13        });
14
15        socket.on('event3', function(data){
16          $('#msg').text(data);
17        });
18
19        socket.on('event_to_all', function(data){
20          $('#msg_to_all').text(data);
21        });
22      });
23    </script>
24    </head>
25    <body>
26      <button id='test_button'>test_button</button><br>
27      <span id='msg'></span><br>
28      <span id='msg_to_all'></span>
29    </body>
30    </html>
```

[실습 결과1 - socket_ex.js]

```
pi@raspberrypi:~ $ node socketio_ex.js
Server is running
connect → (Web Browser를 실행시켰을 때)
receive event(1) → (event1 수신)
connect → (Web Browser를 실행시켰을 때)
receive event(1) → (event1 수신)
receive event(2): Hello from HTML → (데이터와 함께 event2 수신)
```

[실습 결과2 - socket_ex.html]

⚓ socketio를 이용한 확장된 웹서버 구동

[소스코드 주요 설명 - socket_ex.js]

앞에서 설명한 웹 소켓 서버 생성에 대한 설명은 생략한다.

- Line 17~19 : 웹 소켓 클라이언트로부터 'event1' 이벤트를 받으면 웹 소켓 서버의 터미널에 'receive event(1)'을 출력한다.(실습 결과 1 참조) 해당 이벤트는 웹 소켓 서버와 클라이언트가 연결될 때마다 한 번씩 발생한다.

- Line 21~27 : 웹 소켓 클라이언트로부터 'event2' 이벤트를 받으면 웹 소켓 서버의 터미널에 'receive event(2)'를 출력한다. event1과 달리 event2는 data를 함께 수신하였기 때문에 이 것도 터미널에 함께 출력한다. 이벤트 수신과 함께 웹 소켓 클라이언트로 'event3' 이벤트를 발생한다. 'event3'은 Node.js의 내장 패키지인 exec를 이용하여 현재 시간을 함께 전송한다.(실습 결과 1 참조)

- Line 30~34 : 'event_to_all' 이벤트를 생성한다. 해당 이벤트는 1초에 한 번씩 변수 count의 값을 1씩 증가하여 웹 소켓 클라이언트에게 전송한다.(실습 결과 1 참조)

[소스코드 주요 설명 - socket_ex.html]

- Line 9 : 웹 소켓 클라이언트에게 'event1'을 생성한다. 해당 이벤트는 body와 연결된 이벤트없이 웹 소켓 서버와 클라이언트가 연결되면 자동으로 이벤트를 생성한다.(실습 결과 2 참조)

- Line 11~13 : body의 'test_button'을 클릭할 때 'event2' 이벤트를 생성한다. 이 때 'Hello from HTML' 메시지를 함께 전송한다.(실습 결과 2 참조)

- Line 15~17 : 웹 소켓 서버로부터 'event3' 이벤트를 수신한다. 'event3'과 함께 수신된 data(시간정보)를 body의 'msg'에 출력한다.(실습 결과 2 참조)

- Line 19~21 : 웹 소켓 서버로부터 'event_to_all' 이벤트를 수신한다. 'event_to_all'과 함께 수신된 data(1씩 증가하는 숫자)를 body의 'msg_to_all'에 출력한다.(실습 결과 2 참조)

- Line 26~28 : 각 이벤트와 연동할 html 태그의 속성을 생성한다. 태그의 id와 head의 '#이벤트'가 연동하여 동작한다.

PART 4

누구나 쉽게
시작하는 전자 부품

라즈베리파이는 컴퓨터이다. PART 2에서 소개한 것처럼 범용적 컴퓨터로 사용할 수 있을 뿐만 아니라 ICT 교육용, 메이킹 용도로 널리 사용된다. 라즈베리파이가 메이킹 용도로 사랑받는 이유 중 하나는 다양한 전자 부품과의 연결이 쉽기 때문이다. 이번 장에서는 전자 부품이 무엇인지, 라즈베리파이와 어떻게 연결하고 제어할 수 있는지 학습한다.

전자 부품이란 전자 회로를 구성하는 부품으로 센서, 액추에이터, 다이오드, 저항 등 정해진 역할을 수행한다. 예를 들어 LED라고 알려진 발광 다이오드는 빛을 내어 부품을 켜거나 끄는 일을 하고, 온습도 센서는 부품을 통해 센서가 있는 곳의 온도와 습도를 측정한다.

LED

초음파 센서(HC-SR04)

인체감지 센서(PIR)

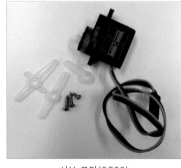

서보 모터(SG90)

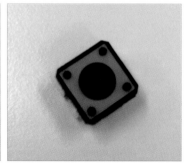

푸쉬 버튼 스위치

도트 매트릭스(MAX7219)

온습도 센서(DHT11)

먼지 센서(GP2Y1014AU0F)

7-세그먼트(MAX7219)

⚓ 다양한 전자 부품

최근 '4차 산업혁명'이 전 세계적으로 큰 화두가 되고 있다. 위키피디아에 따르면 정보통신기술의 융합으로 이루어낸 혁명 시대를 4차 산업혁명으로 정의하고 있다. 이에 따라 인공지능, 로봇공학, 사물 인터넷, 무인 운송수단 등이 중요한 기술로 떠오르고 이들을 어떻게 결합하여 새로운 산업 영역을 만들어낼 수 있을지 기대를 모으고 있다. 하지만 4차 산업혁명에 대한 의견은 엇갈린다. 어떤 이들은 무서운 태풍 같은 것으로 큰 패러다임 변화가 일어날 것이라고 하고, 어떤 이는 4차 산업혁명 자체가 존재하지 않는다고 말한다. 4차 산업혁명이라는 말 자체에 몰입하기 보다는 시대적인 변화가 이미 변화는 시작되었고, 그에 맞는 인재상으로 융합할 수 있는 능력을 키우는 것이 중요하다.

예를 들어, 이전에는 어떤 제품을 만들기 위해서는 소프트웨어, 하드웨어 각각에 대해 학습하고 각 분야별 전문가가 따로 필요했다면, 이제는 오픈소스 소프트웨어, 오픈소스 하드웨어의 등장으로 더 저렴하게 더 적은 인력으로 좀 더 쉽게 만들어 낼 수 있다. 하지만 아무리 이전에 비해 개발에 쉽게 접근할 수 있다고 해도 아무런 배경 지식 없이 결과물을 만들어내는 것은 쉽지 않다.

이번 장을 통해 전자 부품의 기초를 익히고 몇 개의 전자 부품 실습을 하며 이들을 연결하고 융합하면 어떤 것을 만들 수 있을지 아이디어를 떠올리는 것도 좋을 것이다. 무언가를 만들기 위해서는 내가 만들려고 하는 것에 어떤 전자 부품이 필요한지 파악하고 조합할 수 있는 능력이 필요하다. 이러한 단계를 거치며 융합 능력을 키울 수 있을 것이라 기대한다.

예를 들어, LED를 켜고 끄는 것을 카메라와 연동하여 움직임이 발견되면 붉은 LED가 켜지면서 경고 표시를 하는 침입자 감지 알리미를 만들 수도 있고, 특정 위치로 움직일 수 있는 서보 모터를 이용하여 내 방의 스위치를 제어해서 침대에 누워서 방의 불을 켜고 끌 수도 있다. 이러한 아이디어는 다양한 전자 부품을 사용해 보고 어디에 적용하면 좋을지 생각해보며 직접 만들어볼 때 구체화된다.

본격적으로 전자 부품을 알아보기 전에 앞서, 알아두어야 할 라즈베리파이의 특성을 살펴보자. 바로 라즈베리파이는 디지털 신호만을 처리할 수 있다. 라즈베리파이는 컴퓨터이기 때문에 기본적으로 모든 신호를 1 또는 0으로 인식한다.

⚓ 디지털 신호의 모양

즉, 라즈베리파이에서 1과 0사이에 있는 값은 정확하게 처리할 수 없다는 뜻이다. 따라서, 라즈베리파이에서는 기준점이 되는 값을 중심으로 그 이상을 가질 때는 1로, 그 이하의 값을 가질 때는 0으로 처리한다. 기준점은 사용자가 임의로 정의할 수 있으며, 전자 부품 내부에 정의되어 있기도 하다. 1과 0에 대해 라즈베리파이가 이해하고 있는 값은 다음과 같다.

1	0
True	False
High	Low
참	거짓

⚓ 1과 0에 대한 라즈베리파의 이해

라즈베리파이의 입출력 장치 이해하기

라즈베리파이가 갖는 장점 중 하나는 전자 부품을 연결할 수 있는 다양한 입출력 장치를 가지고 있다는 점이다. 사용하려고 하는 전자 부품을 원하는 입출력 장치에 연결하여 사용할 수 있으며, 멀티미디어 기능을 사용하는데 적합한 입출력 단자가 포함되어 있다.

라즈베리파이가 갖고 있는 입출력 장치에 대한 설명은 다음과 같다.

기본적인 입력 장치인 키보드, 마우스 외에도 웹캠이나 블루투스, 무선 인터넷 모듈 등 전자 부품을 연결할 수 있다. USB 형태의 전자 부품을 연결하여 쉽게 켜고 끄는 제어가 쉽다는 장점이 있다. 하지만 4개의 포트 각각을 제어하는 것은 불가능하다는 단점이 있다.

USB(Universal Serial Bus)

음악이나 동영상의 오디오를 재생할 수 있는 단자로 3.5mm 잭을 갖는 스피커나 이어폰에 연결하여 사용한다. 라즈베리파이에서는 해당 단자 외에도 HDMI를 통한 출력을 지원하기 때문에 선택하여 사용할 수 있다.

3.5mm 오디오 잭

HDMI는 영상과 음향을 동시에 출력할 수 있는 단자이다. 일반적으로 컴퓨터 모니터를 연결할 경우 HMDI가 오디오 기본 출력으로 설정된다.

HDMI(High Definition Multimedia Interface)

라즈베리파이 호환 카메라 모듈과 라즈베리파이를 연결하는 인터페이스이다. 카메라 모듈을 연결하고 카메라 기능을 운영체제에서 활성화시키면 명령어를 이용하여 간단하게 사진 및 영상 촬영이 가능하다. 카메라 모듈 사용법은 뒤에서 좀 더 자세하게 다룬다.

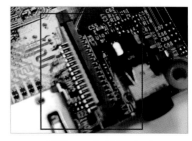

CSI(Camera Serial Interface)

라즈베리파이에서 HDMI 케이블 외에 추가로 디스플레이를 연결할 수 있는 인터페이스이다. 카메라 모듈과 같은 방식으로 디스플레이를 연결할 수 있으며 라즈베리파이에서 공식으로 제공하는 디스플레이 또한 DSI 방식을 사용하고 있다.

DSI(Data Serial Interface)

아두이노와 라즈베리파이 같은 오픈소스 하드웨어에 존재하는 GPIO 핀은 총 40개로 구성되어 있으며 일반 컴퓨터에는 없는 기능이다. 이 핀으로 많은 전자 부품을 손쉽게 연결하고 제어할 수 있는데, 이러한 기능을 피지컬 컴퓨팅이라고 한다. 입/출력을 선택하여 사용할 수 있고, 핀 형태로 구성된 전자 부품을 연결할 수 있는 인터페이스이다.

GPIO(General Purpose Input/Output)

● 피지컬 컴퓨팅(Physical Computing)

라즈베리파이와 아두이노 같은 마이크로 컴퓨터/마이크로 컨트롤러에 다양한 전자 부품을 연결하여 무언가를 제어하는 활동을 피지컬 컴퓨팅이라고 한다. 개인적인 취미 활동부터 회사에서 제품 개발 전 프로타이핑에 활용하는 등 넓은 범위에서 활용된다.

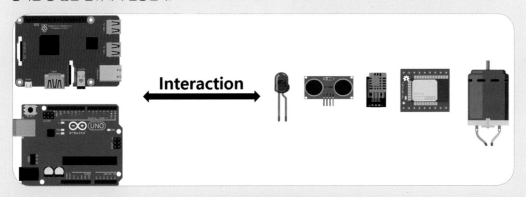

⚓ 피지컬 컴퓨팅의 개념

라즈베리파이가 교육용, 메이킹 용도로 활용되는 이유 중 하나가 바로 GPIO(General Purpose Input/Output)라고 하는 피지컬 컴퓨팅용 핀이 있기 때문이다. 이러한 피지컬 컴퓨팅 기능은 라즈베리파이 뿐 아니라 비슷한 목적으로 나온 오픈소스 하드웨어(아두이노, 비글 본 블랙, 아틱 등)도 포함하고 있다. 단, 라즈베리파이는 아날로그 핀이 없이 모두 디지털 핀으로만 구성되어 있다.

라즈베리파이가 IoT(Internet of Things)에 적합한 이유도 피지컬 컴퓨팅이 가능하기 때문이다. IoT의 중요한 요소는 네트워크와 정보 센싱이다. 언제 어디서나 인터넷을 통해 사물, 주변 환경의 정보를 측정하고 제어할 수 있어야 하는데, 피지컬 컴퓨팅으로 인해 여러 종류의 전자 부품을 간단하게 연결하고, 값을 측정, 제어할 수 있기 때문이다.

GPIO 이해하기

GPIO에 대해 좀 더 자세히 알아보자. 이 핀은 General Purpose Input/Output의 약자 그대로 전기신호에 따라 각 핀을 입력, 혹은 출력으로 사용할 수 있다. 이 핀을 통하여 전자 부품과의 입력과 출력으로 통신할 수 있으며 어떤 핀을 입력/출력으로 사용할지 사용자가 결정할 수 있다.

라즈베리파이에는 총 40개의 GPIO 핀이 있으며, GPIO의 시작은 아래 그림과 같이 위에서 아래로 물리적 핀 번호(Pin)가 할당된다. 물리적 핀 번호는 왼쪽은 홀수, 오른쪽은 짝수로 구성되어 있으며 단순히 위치만을 나타낸다. 실제 전자 부품과의 통신을 위해서는 라즈베리파이의 SoC인 BCM2835의 채널 번호를 사용하며 NAME에 할당된 정보를 기준으로 활용한다.

Pin#	NAME			NAME	Pin#
01	3.3V	DC Power	DC Power	5V	02
03	GPIO02	SDA1, I2C	DC Power	5V	04
05	GPIO03	SCL1, I2C		Ground	06
07	GPIO04	GPIO_GCLK	TXD0	GPIO14	08
09	Ground		RXD0	GPIO15	10
11	GPIO17	GPIO_GEN0	GPIO_GEN1	GPIO18	12
13	GPIO27	GPIO_GEN2		Ground	14
15	GPIO22	GPIO_GEN3	GPIO_GEN4	GPIO23	16
17	3.3V	DC Power	GPIO_GEN5	GPIO24	18
19	GPIO10	SPI_MOSI		Ground	20
21	GPIO09	SPI_MISO	GPIO_GEN6	GPIO25	22
23	GPIO11	SPI_CLK	SPI_CE0_N	GPIO08	24
25	Ground		SPI_CE1_N	GPIO07	26
27	GPIO00	I2C ID EEPROM	I2C ID EEPROM	GPIO01	28
29	GPIO05			Ground	30
31	GPIO06			GPIO12	32
33	GPIO13			Ground	34
35	GPIO19			GPIO16	36
37	GPIO26			GPIO20	38
39	Ground			GPIO21	40

⚓ 라즈베리파이와 GPIO 핀 맵

라즈베리파이에 연결되는 전자 부품은 이 GPIO를 통해서 전원을 공급받거나, 이를 이용하여 신호를 주고받으며 통신한다. GPIO 한 핀은 기본적으로 3.3V 50mA의 전원을 공급할 수 있다. 라즈베리파이 GPIO 핀의 단점은 핀에 대한 설명이 따로 표시되어 있지 않다는 점이다. GPIO 핀을 모두 외우기 어렵기 때문에 항상 GPIO 맵을 통해 어디에 연결해야 하는지 확인하는 습관이 필요하다. 잘못 연결할 경우 라즈베리파이를 망가뜨릴 수 있기 때문이다.

그럼 GPIO 각 핀에 대해 좀 더 알아보자. 라즈베리파이 GPIO 핀은 총 4 종류로 구성되어 있으며 각각은 다음과 같다.

■1 VCC

VCC는 전원을 공급하는 일을 하는 핀으로 건전지의 +극과 같다. 라즈베리파이와 GPIO 핀 맵에서 보는 것과 같이 3.3v와 5v 핀 두 종류가 있으며 5v, Ground 핀을 제외한 모든 GPIO 핀은 3.3V로 동작되기 때문에 5V를 사용할 때는 주의가 필요하다. 전자 부품을 잘못 연결할 경우, 전자 부품이 망가지거나 라즈베리파이 회로 내부 회로가 망가지는 경우가 발생할 수 있기 때문이다 (아두이노와 같은 마이크로 컨트롤러 보드는 주로 5V를 사용하기 때문에 헷갈리지 않도록 주의가 필요하다). 3.3V 핀, 5V 핀은 입출력을 변경하지 못하고 오로지 전원 공급 용도로만 사용할 수 있게 고정되어 있다 (즉, 항상 1, High의 상태이다).

건전지가 동작하기 위해서 +/-가 정상적으로 연결되어야 하는 것처럼 VCC 핀도 Ground 핀과 짝을 이루어야 전자 부품에 전원을 공급할 수 있다.

■2 Ground

Ground는 전원을 공급하는 일을 하는 핀으로 건전지의 −극과 같다. Ground 혹은 GND로 표시되며 VCC로부터 오는 전류를 받아주는 땅과 같은 역할을 한다. Ground에는 0V의 전원이 공급된다. 즉, 공급되는 전원이 없다는 뜻이다 (즉, 항상 0, Low의 상태이다). 라즈베리파이의 GPIO 맵에는 총 8개의 Ground 핀이 있다.

■3 일반 GPIO (General Purpose Input Output)

40개의 핀 중 VCC와 Ground핀을 제외한 28개의 핀은 필요에 따라 입/출력을 변경해서 사용할 수 있는 GPIO 핀이다.

● 입력 모드(Input Mode)

입력 모드는 라즈베리파이와 연결된 전자 부품으로부터 1 /0의 신호 또는 값을 읽을 수 있는 상태를 의미한다.

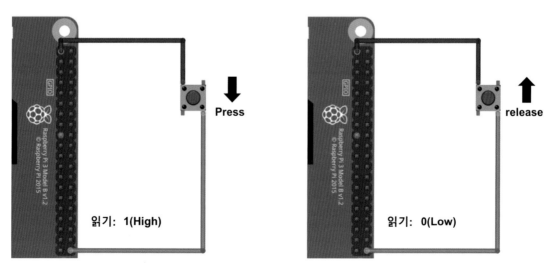

⚓ 입력 모드에서 값 읽기

● 핀에 설정된 값을 읽고 쓰도록 설정

출력 모드는 라즈베리파이와 연결된 전자 부품으로 1/0의 신호 또는 값을 내보낼 수 있는 상태를 의미한다.

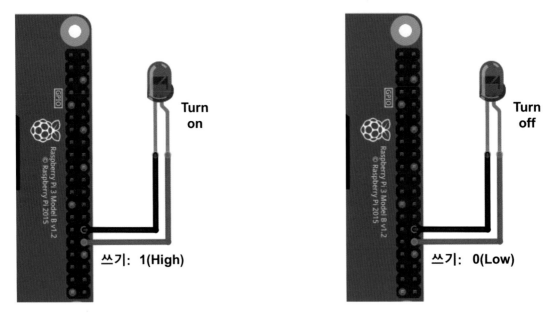

⚓ 출력 모드에서 값 쓰기

4 통신 프로토콜 용 GPIO (Alternative Functionality GPIO)

일반 GPIO 핀으로 할당된 라즈베리파이의 28개의 GPIO 핀 중 추가적으로 통신 프로토콜용 기능을 갖는 핀
들이 있다. 즉, 이 핀들은 일반 GPIO 또는 통신 프로토콜용 GPIO 핀으로 사용할 수 있다는 것이다. 이 핀들
은 I2C, SPI, UART 등의 기능을 사용할 수 있으며 각 통신 기능들은 정해진 GPIO 핀에서만 정상 동작한다.
해당 통신 프로토콜을 사용하기 이전에 Raspberry Pi configuration에서 기능을 활성화시켜야 통신이 가능하
다. 통신 프로토콜용으로 할당된 GPIO 핀은 다음과 같다.

Pin#	NAME			NAME	Pin#
01	3.3V	DC Power	DC Power	5V	02
03	GPIO02	SDA1, I2C	DC Power	5V	04
05	GPIO03	SCL1, I2C		Ground	06
07	GPIO04	GPIO_GCLK	TXD0	GPIO14	08
09	Ground		RXD0	GPIO15	10
11	GPIO17	GPIO_GEN0	GPIO_GEN1	GPIO18	12
13	GPIO27	GPIO_GEN2		Ground	14
15	GPIO22	GPIO_GEN3	GPIO_GEN4	GPIO23	16
17	3.3V	DC Power	GPIO_GEN5	GPIO24	18
19	GPIO10	SPI_MOSI		Ground	20
21	GPIO09	SPI_MISO	GPIO_GEN6	GPIO25	22
23	GPIO11	SPI_CLK	SPI_CE0_N	GPIO08	24
25	Ground		SPI_CE1_N	GPIO07	26
27	GPIO00	I2C ID EEPROM	I2C ID EEPROM	GPIO01	28
29	GPIO05			Ground	30
31	GPIO06			GPIO12	32
33	GPIO13			Ground	34
35	GPIO19			GPIO16	36
37	GPIO26			GPIO20	38
39	Ground			GPIO21	40

I2C (pin 03, 05)
SPI (pin 19, 21, 23)
UART (pin 08, 10)
SPI (pin 24, 26)

⚓ 통신 프로토콜용 GPIO 핀

● 통신 프로토콜 I2C, SPI, UART

• 프로토콜은 약속을 의미한다. 여기서는 라즈베리파이와 전자 부품 간에 통신을 하기 위한 약속을 말한다.

• 라즈베리파이의 일반 GPIO는 3.3v와 0v만을 나타내거나 인식할 수 있다. 이는 1과 0만을 나타낼 수 있다는 것이고, 라즈베리파이와 전자 부품 간에 주고받는 정보가 1과 0만이라는 것을 의미한다. 하지만 더욱더 많은 정보를 주고 받아야 할 필요가 있기 때문에 라즈베리파이와 전자 부품 간의 약속이 필요하다. 예를 들어 먼지센서와 통신한다고 가정하면, 라즈베리파이가 1초 간격으로 111 이라고 보내면 온도를 알려달라는 의미인 것이고, 온도 센서가 1초 간격으로 110 11111 이라 보낸다면 110은 온도를 보내주는 의미이고, 11111은 이진수로 해석하여 31도라고 해석하는 것이다. 간단한 예를 들어 설명했지만, 이런 식으로 각 통신 프로토콜의 규칙에 따라 I2C, SPI, UART로 구분되어 사용한다.

와이어링파이를 이용한 GPIO 제어하기

① 와이어링파이(Wiringpi-node) 패키지 설치하기

GPIO를 이용하여 전자 부품을 제어하는 것은 매우 복잡하고 어려운 일이기 때문에 이런 작업을 좀 더 쉽게 할 수 있도록 다양한 라이브러리가 개발되었다. GPIO 핀을 제어할 수 있는 많은 라이브러리 중, 가장 널리 쓰이는 것은 와이어링파이로, 라즈베리파이의 SoC인 BCM2835에 접근하여 핀을 제어할 수 있다. 와이어링파이는 아두이노의 모태인 와이어링(wiring) 보드에서부터 사용하던 입출력 제어용 라이브러리로 이를 라즈베리파이에서 사용할 수 있도록 포팅해온 것이다. 최초의 와이어링파이 라이브러리는 C/C++을 이용하였으나 다양한 프로그래밍 언어에서 활용할 수 있도록 이를 랩핑(wrapping)하여 배포하고 있다. 와이어링파이는 라즈베리파이의 모든 GPIO에 대해 호환성을 보장하며 아두이노에서 사용하던 명령어와 체계가 비슷하여 쉽게 사용할 수 있다.

Wiring Pi
GPIO Interface library for the Raspberry Pi

🔗 와이어링파이

와이어링파이에 대한 자세한 설명은 공식 홈페이지인 www.wiringpi.com에서 확인할 수 있다. 라즈베리파이에 와이어링파이가 내장되어 있지만 이번 과정이 node.js로 진행되기 때문에 node.js용 와이어링파이 패키지를 추가로 설치하여야 한다. node.js용 패키지는 www.npmjs.com에서 검색이 가능하며 사용법 또한 확인할 수 있다. wiringpi-node 설치 명령어는 다음과 같다.

```
pi@raspberrypi:~ $ sudo npm install wiringpi-node
```

● NPM(Node Package Manager)

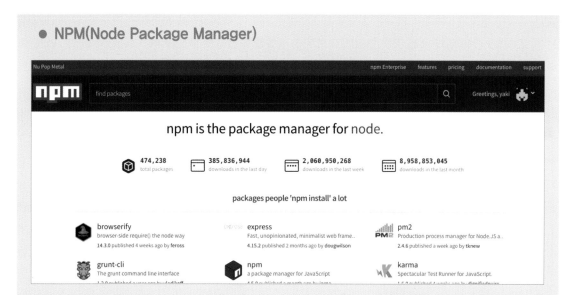

Node.js는 npm을 이용하여 필요한 패키지 공유한다. 누구나 필요한 패키지를 다운로드받아 사용할 수 있고 반대로 패키지를 만들어 업로드할 수 있다. 라즈베리파이에서 npm 패키지를 사용하기 위해서는 npm이 설치되어 있어야 한다. Node.js를 설치하면 함께 설치(node.js 버전 : 6.9.2, npm 버전 : 3.10.9)되므로 별도의 작업을 거치지 않아도 된다.(구 버전의 node.js를 사용할 경우 npm이 설치되어 있지 않을 수 있다. npm-v 명령어를 이용해 설치되었는지 확인이 필요하다.)

npm 패키지는 원래 웹/서버를 넘어 다양한 응용 소프트웨어와 하드웨어 제어용 패키지를 제공한다. 기능이나 전자 부품 이름으로 검색하여 원하는 패키지를 찾고 설치할 수 있으며, 각 패키지에 대한 설치법, 사용법 그리고 소스코드(대부분 깃허브와 연동)를 함께 공개하고 있어 참조하여 쉽게 사용할 수 있다.

2 gpio 명령어를 이용하여 GPIO 핀 제어하기

wiringpi-node(wiringpi-node는 Node.js용 와이어링파이 패키지이다. 와이어링파이와 wiringpi-node 두 가지를 사용하여 혼동하는 것을 최소화하기 위해 이 후부터는 wiringpi-node로 통일하여 사용한다.)는 와이어링 보드부터 제어 체계를 유지해오고 있기 때문에 라즈베리파이의 SoC와 연결된 GPIO 핀과는 다른 핀 번호 체계를 사용한다. 라즈베리파이에서 gpio 명령어를 이용하여 wiringpi-node용 GPIO 핀을 제어할 수 있으며, 그 중 'gpio readall' 명령어를 통해 핀 맵과 각 핀에 할당된 정보를 확인할 수 있다.

wiringpi-node를 통해 사용할 GPIO 핀 번호는 wpi에 정리되어 있다. 앞에서 사용한 GPIO 맵과 비교해보면 Pin#에 정리되어 있던 핀 정보는 해당 GPIO 맵에서는 BCM으로 정리되어 있으며 wiringpi-node를 사용할 때의 GPIO 번호는 wpi에 정리되어 있다. wiringpi-node를 사용하는 경우에는 wpi로 정리된 핀 맵을 활용하여야 하고 그렇지 않은 경우에는 BCM으로 정리된 핀 번호를 사용한다. wiringpi-node용 핀 맵을 사용하기 위해서는 소스코드 내에서 wiringpi-node 패키지를 꼭 추가(var wpi = require('wiringpi-node');와 같은 형식)해주어야 하며 핀을 제어하기 위해 프로그램 내에서 API 형태로 호출하여 사용할 수 있다.

Mode와 V에 정리된 내용은 GPIO를 입력/출력으로 사용하도록 정의하는데 사용하는 정보이다. Mode에서는 해당 GPIO 핀을 입력 혹은 출력(IN/OUT)모드로 설정할지 결정할 수 있으며, V(Valup)에서는 입/출력 모드에 따라 동작(1/0)을 어떻게 할 것인지 설정할 수 있다.

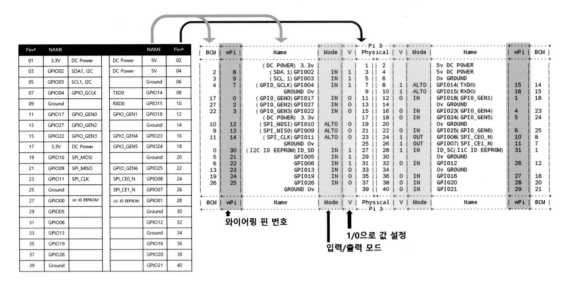

⚓ GPIO 핀 맵과 wiringpi-node 핀 맵 비교

주변 부품 이해하기
(브레드보드, 점퍼 케이블, 저항)

라즈베리파이 GPIO는 핀 형태로 되어 있기 때문에 전자 부품과 바로 연결하기 불편하다. 지금 소개하는 것은 라즈베리와 전자 부품을 효율적으로 연결하는데 사용하는 것으로 필요에 따라 선택하여 사용할 수 있다.

1 브레드보드(Bread board)

브레드보드(빵판)는 납땜을 하지 않고 전자 회로를 빠르게 구성할 수 있는 보드이다. 실제로 구입해서 사용하는 제품 중에 브레드보드가 들어 있는 제품을 본 적은 없을 것이다. 제품을 판매할 때에는 필요한 회로 구성이 모두 끝난 상태이기 때문에 전자 부품을 보드에 납땜하여 PCB 형태로 출시하기 때문이다. 회로 구성이 완성되기 전에 항상 납땜을 하고 완성 보드를 만드는 것은 여러모로 낭비이다. 브레드보드는 납땜을 하지 않기 때문에 일회성으로 회로를 구성하고 해체할 수 있어 시제품 제작에 널리 쓰인다. 브레드보드의 생김새는 아래 그림과 같다.

크기와 종류에 따라 모양은 조금 다르지만 기본적으로 다음과 같은 구성을 갖는다. 그림의 왼쪽은 브레드보드의 외관이고 오른쪽은 브레드보드의 내부 연결을 보여주고 있다. 한 줄로 표시한 부분은 내부에서 한 줄로 연결되어 있다는 뜻이며, 브레드보드의 중앙은 연결되어 있지 않다. 전자 부품이 갖는 각 핀은 다른 역할을 하는 핀으로 구성되어 있다. 따라서 전자 부품의 각 핀은 함께 연결되지 않은 핀으로 연결해주어야 한다. 양 끝의 두 줄(빨, 검, 흰, 회색으로 표시된 부분)은 보통 VCC, Ground를 연결하여 사용한다.

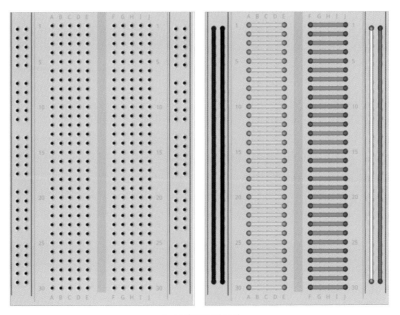

⚓ 브레드보드의 구성

브레드보드에 전자 부품을 연결하는 예시는 다음 장에서 실제 LED를 연결하며 좀 더 자세하게 설명한다.

② 점퍼 케이블(Jumper Cable)

라즈베리파이에 연결하는 대부분의 전자 부품은 핀 또는 케이블을 이용하여 GPIO 핀에 연결하는 방식을 사용한다. 만약 GPIO 핀과 전자 부품을 바로 연결하면 어떻게 될까? 연결할 전자 부품과 GPIO 핀의 위치가 맞지 않을 수 있고, 전자 부품을 라즈베리파이에 고정하기 쉽지 않아 제대로 제어하기 쉽지 않을 것이다. 점퍼 케이블은 라즈베리파이와 전자 부품의 핀을 연결하는 역할을 한다.

점퍼 케이블은 연결하는 끝 모양에 따라 암(Female), 수(Male)로 나뉘고, 그 조합에 따라 암/수(F/M), 암/암(F/F), 수/수(M/M)로 구분된다. 라즈베리파이의 GPIO는 위로 솟은 형태이므로 수(Male) 케이블을 연결하여야 하고, 브레드보드의 경우 안쪽으로 들어가 있는 형태이므로 암(Female) 케이블을 연결하여야 한다.

라즈베리파이의 GPIO 핀은 위로 솟아 있는 형태로 고정되어 있지만 전자 부품의 종류에 따라서 GPIO 핀과 다른 형태를 갖는 전자 부품도 있다. 연결하려고 하는 핀의 모양에 따라 다른 종류의 점퍼 케이블을 사용할 수 있다.

⚓ 점퍼 케이블의 구성

라즈베리파이-브레드보드 간 연결은 암/수 케이블, 브레드보드-브레드보드 간 연결은 수/수 케이블을 사용하여야 한다. 만약 브레드보드를 사용하지 않고 라즈베리파이와 전자 부품을 바로 연결한다면, 전자 부품의 끝 모양에 따라 암/수 혹은 암/암 케이블을 사용한다. 점퍼 케이블을 구매하면 보통 10개의 색깔로 구성된 40개의 핀이 한 묶음으로 되어 있다. 각 색이 의미하는 것은 없지만 통상적으로 VCC는 붉은 계열의 케이블을, Ground에는 검은 계열의 케이블을 사용한다.

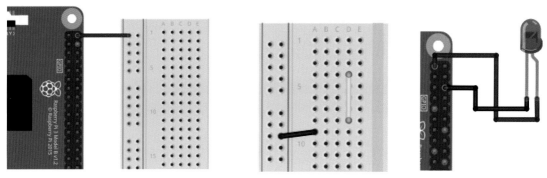

⚓ 점퍼 케이블을 이용한 다양한 연결 방법

③ 저항(Resistance)

5V와 Ground 핀을 제외한 라즈베리파이의 GPIO 핀은 0V 또는 3.3V의 구동 전압을 갖는다. 하지만 모든 전자 부품이 라즈베리파이와 동일한 구동 전압을 갖고 있지 않다. 저항은 이 전자 부품의 구동 전압을 라즈베리파이와 맞추기 위해 사용하는 부품이다. 라즈베리파이에 맞게 구동 전압을 올릴 수도 있고, 내릴 수도 있으며, VCC 혹은 Ground 쪽 핀에 연결하여 사용할 수 있다.

보통 전자 부품을 구매할 때 그 설명에 구동 전압을 표시하고 있기 때문에 해당하는 저항을 선택하여 사용하면 되고, 만약 적혀있지 않다면 저항을 계산하여 맞는 것을 사용하여야 한다. 저항은 4~5개의 띠의 색깔을 읽어서 그 값을 알 수 있으며, 기본 단위는 옴(ohm, Ω)이다. 각 띠의 색마다 정해진 값이 있으며, 저항의 값을 읽는 방법은 아래와 같다.

4~5개의 띠 중 간격이 가장 떨어진 쪽으로 오른쪽으로 두고 왼쪽부터 차례로 그 값을 읽어나간다. 왼쪽 두개의 띠가 값을 나타내고 세 번째는 0의 개수를 나타낸다. 마지막 네 번째 띠는 오차범위를 의미한다.

	1	2	3	4	5
	0	0	0	1	
	1	1	1	10	±1%
	2	2	2	100	±2%
	3	3	3	1000	
	4	4	4	10000	
	5	5	5	100000	±0.5%
	6	6	6	1000000	±0.25%
	7	7	7	10000000	±0.1%
	8	8	8	100000000	±0.05%
	9	9	9		
(금색)					±5%
(은색)					±10%

빨(2), 빨(2), 갈(1) → 220 옴

⚓ 저항 읽는 법

저항은 전자 부품의 구동 전압에 따라 반드시 필요한 부품은 아니다. 연결하려고 하는 전자 부품이 저항이 필요한지 먼저 확인이 필요하다.

실제로 전자 부품을 라즈베리파이에 연결하여 제어해보자. 프로그래밍 언어의 기초가 'hello world' 출력하기라면 전자 부품 제어하기의 기초는 LED를 제어하기일 것이다. LED 제어에서부터 CCTV를 만드는데 필요한 전자 부품(LED, 카메라, 인체감지 센서, 스피커 등)을 어떻게 연결하고 제어하는지 알아보자. 라즈베리파이와 전자 부품을 안전하게 사용하기 위해서 전원을 종료한 상태에서 부품을 GPIO에 연결하는 것을 추천한다.

1 LED 제어하기

LED는 VCC, Ground 두 핀을 이용하여 전류의 흐름에 따라 불이 켜지고 커지는 발광 다이오드이다. LED는 전등, 전광판과 같이 빛을 통해 정보를 알리는 다양한 제품에 소자로 활용되는 만큼 크기와 색이 다양하다.

다음 그림과 같이 LED 머리 부분에 색이 표현된 것이 있고, 투명으로 된 LED도 있다. 투명 LED는 전원을 인가하였을 때 각 다른 색으로 표현되므로, 원하는 색이 다른 색과 섞이지 않도록 관리가 필요하다.

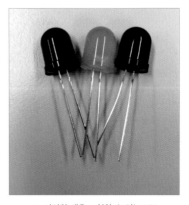

⬇ 다양한 색을 표현할 수 있는 LED

그럼, LED를 라즈베리파이에 연결하여 불을 켜보자. LED는 전압을 가하면 불이 켜지는 소자로 VCC, Ground용 두 개의 핀이 존재한다. 이 핀은 다른 전자 부품에도 기본적으로 존재하는 핀으로, 전자 부품이 동작하는데 필요한 전원을 라즈베리파이의 GPIO 핀으로부터 공급받는다.

실습에서 사용할 LED는 2~3V의 구동 전압을 갖고 20mA의 전류가 필요하다. 하지만 라즈베리파이 GPIO는 3.3V의 구동전압과 50mA의 전류가 흐르므로 GPIO 핀에 연결하기 위해서는 약 35옴 정도의 저항이 추가로 필요하다. 모든 LED가 이와 같은 값을 갖는 것은 아니다. 별도의 저항을 연결하지 않아도 사용할 수 있는 3.3V용 LED도 있다. 3.3V 구동 전압을 갖는 LED를 사용할 경우에는 다음의 예제 그림에서 저항을 빼고 회로를 구성하여 사용한다.

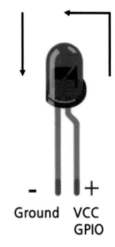

Ground VCC
GPIO

⬇ LED의 구조

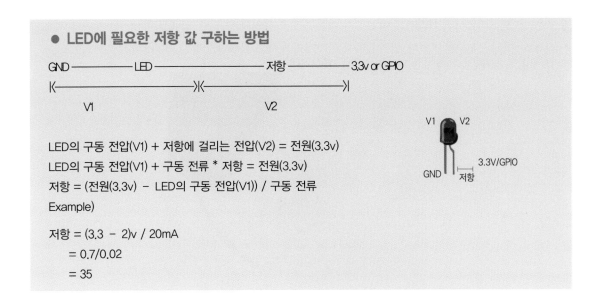

● LED에 필요한 저항 값 구하는 방법

GND ————— LED ——————— 저항 ————— 3.3v or GPIO

V1   V2

V1   V2

GND   저항   3.3V/GPIO

LED의 구동 전압(V1) + 저항에 걸리는 전압(V2) = 전원(3.3v)

LED의 구동 전압(V1) + 구동 전류 * 저항 = 전원(3.3v)

저항 = (전원(3.3v) − LED의 구동 전압(V1)) / 구동 전류

Example)

저항 = (3.3 − 2)v / 20mA

    = 0.7/0.02

    = 35

● 라브베리파이이와 LED 연결하기

3.3V 핀은 항상 전류가 흐르는 핀이기 때문에 LED를 연결하면 별다른 처리를 하지 않아도 LED가 켜진다. 하지만 VCC 핀은 흐르는 전류를 제어할 수 없어 LED를 켜고 끌 수 없다는 단점이 존재한다. 회로 구성은 아래와 같다. 동일한 회로를 구성하여도 다양한 방법을 사용할 수 있고 꼭 브레드보드를 사용하지 않아도 된다. 단, 핀을 정확한 위치에 연결하는 것을 잊지 말자.

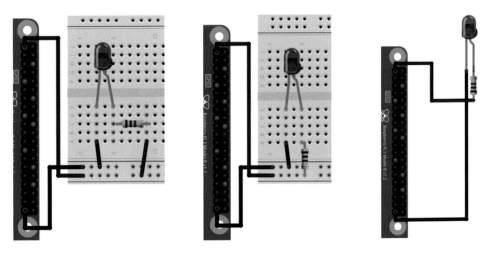

⚓ 라즈베리파이와 LED를 연결하는 다양한 방법

정상적으로 연결되었다면 아래와 같이 LED가 켜지는 것을 확인할 수 있다. 앞에서 이야기한 것처럼 VCC 핀은 전류의 흐름을 제어할 수 없다. 만약 LED를 깜박거리게 하고 싶다면 어떻게 해야 할까?

⚓ 정상적으로 LED 연결되었을 때 불이 켜지는 모습

이번엔 VCC에 연결되어 있던 핀을 일반 GPIO 핀으로 연결하여 LED를 제어해보자. 라즈베리파이의 GPIO는 3.3V의 출력을 지원하고 입/출력 모드를 변경할 수 있다. 출력 모드인 경우 핀의 값을 1(High) 또는 0(Low)로 설정 값을 바꿀 수 있기 때문에 제어용으로 더 적합하다.

앞의 연결에서 Ground 핀은 그대로 유지하고 VCC 핀을 일반 GPIO 핀으로 연결한다. Ground 바로 위의 GPIO 26번으로 바꾸어 연결한다.

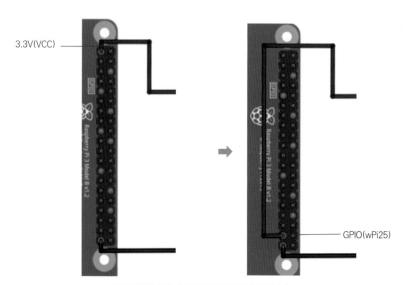

⚓ VCC 핀에서 일반 GPIO 핀으로 변경하여 연결하기

GPIO26(wPi GPIO.25)으로 연결하면 LED가 꺼질 수도 있고, 켜져 있는 상태를 유지할 수도 있다. 같은 라즈베리파이여도 GPIO 핀 맵의 초기화 상태가 다르기 때문에 발생하는 현상으로 해당 핀의 Mode와 V 상태가 OUT, 1로 되어 있는 경우에만 불이 켜진다. 해당 설정은 gpio readall 명령어로 확인할 수 있으며 BCM 26번, 혹은 wPi 25의 값을 확인한다.

● GPIO 명령어로 LED 제어하기

프로그래밍을 하지 않더라도 GPIO 명령어를 이용하여 LED의 상태를 변경할 수 있다. GPIO 명령어는 직접 GPIO 핀에 값을 설정하여 제어할 수 있게 도와 준다 . 사용가능한 명령어는 터미널에서 'gpio -h'를 통해 확인할 수 있다.

```
pi@raspberrypi: ~ $ gpio -h
gpio: Usage: gpio -v
       gpio -h
       gpio [-g| -1] ...
       gpio [-d] ...
       [-x extension: params] [[ -x ...]] ...
       gpio [-p] <read/write/wb> ...
       gpio <read/write/aread/awritewb/pwm/clock/mode> ...
       gpio <toggle/blink> <pin>
       gpio readall/reset
       gpio unexportall/exports
       gpio export/edge/unexport ...
       gpio wfi <pin> <mode>
       gpio drive <group> <value>
       gpio pwm- bal/pwm- ms
       gpio pwmr <range>
       gpio pwmc <divider>
       gpio load spi/i2c
       gpio unload spi/i2c
       gpio i2cd/i2cdetect
       gpio rbx/rbd
       gpio wb <value>
       gpio usbp high/low
       gpio gbr <channel>
       gpio gbw <channel> <value>
```

⚓ GPIO를 제어할 수 있는 명령어 모음

LED는 전류를 흘려 소자를 발광하는 것이므로 GPIO 핀을 이용해서 LED를 켜기 위해서는 GPIO 핀 맵을 출력 상태로 만들고 전류를 흘려 보내면 된다. 즉, GPIO 핀의 상태를 출력(OUTPUT 모드)에 1(High)로 만들면 되는 것이다. 이에 해당하는 명령어 옵션은 write, mode이다.

명령어를 사용하는 방식은 아래와 같다.

```
pi@raspberry: ~ $ sudo gpio [gpio 옵션] [wPi 번호] [설정할 값]
```

이 때 주의해야할 점은 핀 번호를 BCM GPIO 번호가 아닌 wPi 번호 즉, 와이어링파이 핀 번호를 사용해야 한다는 점이다. 명령어를 이용하여 LED를 켜보자.

```
pi@raspberry: ~ sudo gpio mode 25 output
pi@raspberry: ~ sudo gpio write 25 1        //  LED가 켜짐
pi@raspberry: ~ sudo gpio write 25 0        //  LED가 켜짐
```

다시 LED가 켜진 상태로 바뀌었다. gpio readall 명령어를 통해 상태가 잘 바뀌었는지 확인해보자. 다시 LED
를 끄고 싶으면 어떻게 하면 될까? 그렇다. 출력 상태를 다시 0으로 만들어주면 된다. 즉, HIGH를 LOW로 변
경한다.

● 프로그래밍으로 LED 제어하기

앞서 GPIO 명령어로 했던 동작을 그대로 프로그래밍으로 구현하여 보자. 2장에서 한 것처럼 Geany
Programmer's editor를 열어서 프로그래밍을 한다.

[실습 파일 : led1.js]

```
1    var wpi = require('wiringpi-node');
2
3    wpi.setup('wpi');
4
5    wpi.pinMode(25, wpi.OUTPUT);
6
7    wpi.digitalWrite(25, wpi.HIGH);
```

코드에 대한 설명은 다음과 같다.
- Line 1 : wiringpi-node 패키지를 추가한다.
- Line 3 : 일반 GPIO 핀 맵이 아닌, wiringpi-node 패키지로 핀 설정을 초기화 한다.
- Line 5 : 해당 GPIO 핀을 OUTPUT 모드로 변경한다. sudo gpio mode 25 output과 동일하다
- Line 7 : 해당 GPIO 핀을 HIGH 상태로 변경한다. wpi.HIGH 대신 1을 써주어도 결과가 동일하며 sudo
  gpio write 25 1과 동일하다. LED를 끄고 싶을 때에는 wpi.LOW 혹은 0으로 값을 변경한다.

이번에는 1초에 한 번씩 LED를 깜빡거려 보자. 주기적으로 반복하여 어떤 작업을 수행하게 할 때 자바스크
립트에서 사용하는 문법이 앞서 다뤘던 setInterval()이다.

즉, 주기적으로 LED를 깜빡거리기 위해서는 setInterval() 함수 안에 LED를 HIGH, LOW를 반복하는 소스코
드를 작성해야한다. 반복할 주기에 따라 LED가 켜져 있으면 끄고, 꺼져 있으면 켜는 식으로 소스소드를 작
성한다. 완성된 소스코드는 아래와 같다.

[실습 파일 : led2.js]

```
1    var wpi = require('wiringpi-node');
2    var pin = 25;
3    var isOn = 1;
4
5    wpi.setup('wpi');
6
7    wpi.pinMode(pin, wpi.OUTPUT);
8
9    setInterval(function(){
10       if(isOn) {
11               wpi.digitalWrite(pin, wpi.LOW);
12               isOn = 0;
13       } else {
14               wpi.digitalWrite(pin, wpi.HIGH);
15               isOn = 1;
16       }
17   }, 1000);
```

- Line 2 : 라즈베리파이에 연결한 GPIO 핀의 값을 pin이라는 변수에 넣었다. 소스코드를 작성할 때 특정한 값을 반복하여 사용할 경우, 변수에 넣어 사용하는 것이 좋다. 이렇게 사용할 경우, 소스코드의 가독성이 높아지고 수정이 쉬워진다.

- Line 3 : LED의 상태 변화를 확인할 수 있는 변수를 만들고 1(wpi.HIGH 상태)로 초기화하였다. 이 변수는 setInterval() 안에서 이전에 LED가 켜진 상태인지, 꺼진 상태인지 표시한다. 만약 켜진 상태라면, 다음에는 끄고 반대 상태라면 켜도록 한다.

- Line 9~17 : setInterval() 함수 안에 주기적으로 반복할 내용을 작성한다. 반복 주기는 1000으로 1초를 의미한다. if(isOn)은 '만약 isOn이 1이면'을 의미한다. 초기에 isOn을 1로 설정하였기 때문에 최초에 setInterval()을 시작할 때에는 Line 10~13을 수행하여 LED를 끈다. LED를 끄면서 isOn을 0으로 바꾸었기 때문에 다음에는 Line 13~16을 수행하며 LED를 켜고 isOn을 1로 바꾼다. 이런 방식으로 1초에 한 번씩 setInterval() 내부를 수행한다.

이 소스코드의 경우, 별도의 처리가 없다면 setInterval() 함수 안의 내용을 무한 반복하며 수행한다. 동작하고 있는 소스코드를 종료하기 위한 방법은 두 가지가 있다. 첫째, 키보드로 Ctrl+C를 입력 받아 강제로 프로세스를 종료한다. 키보드 입력을 받는 순간 프로세스가 종료되므로 만약 LED가 켜져 있는 상태로 종료될 수도 있다. 둘째, clearInterval() 함수를 이용하여 일정시간이 지나면 자동으로 프로세스를 종료한다. clearInterval() 함수를 사용하는 예제는 다음과 같다.

[실습 파일 : led3.js]

```
1   var wpi = require('wiringpi-node');
2   var pin = 25;
3   var isOn = 1;
4
5   wpi.setup('wpi');
6
7   wpi.pinMode(pin, wpi.OUTPUT);
8
9   var i = 0;
10  var t = setInterval(function(){
11      if(isOn){
12          wpi.digitalWrite(pin, wpi.LOW);
13          isOn = 0;
14      }else{
15          wpi.digitalWrite(pin, wpi.HIGH);
16          isOn = 1;
17      }
18      i++;
19      //console.log(i);
20      if(i==10){
21          clearInterval(t);
22      }
23  }, 1000);
```

- Line 9 : clearInterval() 함수를 실행할 시점을 정하기 위해 변수를 생성하였다. 이번 소스코드에서는 변수 i
  의 값이 10이 되면 setInterval() 함수를 종료하도록 설정하였다. 즉, 10초 후에 clearInterval() 함수가 실
  행된다.

- Line 10 : setInterval() 함수를 t라고 하는 변수에 담는다. 이는 변수 t에 setInterval()함수를 넣어
  clearInterval()함수에서 호출하기 위함이다.

- Line 18~19 : clearInterval() 함수 수행을 위해 변수 i의 값을 하나씩 증가시킨다. i++은 i+1과 같은 의미이
  다. 즉, 최초에 0이었던 i는 1초가 지나면 1씩 증가한다. 주석 처리되어 있는 Line 19를 출력해보면 1초마
  다 i의 값이 1씩 증가하는 것을 확인할 수 있다.

- Line 20~22 : i의 값이 10이 되면 clearInterval() 함수를 호출한다. 변수 t가 가지고 있는 setInterval()함수
  의 프로세스를 정지한다.

2 초음파 센서 제어하기

초음파 센서는 기본적으로 초음파 신호를 보내고 물체에 닿아 돌아오는 시간을 계산하여 거리(cm 혹은 inch)로 반환하는 방식으로 동작한다. 다양한 종류의 초음파 센서가 존재하는데 실습용으로 가장 많이 쓰이는 초음파 센서는 HC-SR04라는 센서이다. 동작 범위는 2cm ~ 4m 내외로 물체로부터 너무 가깝거나 먼 경우, 정상적인 값을 출력하지 못할 수 있다.

🔗 HC-SR04 센서

LED와 마찬가지로 VCC(구동 전압 5V), Ground 핀이 있으며 추가로 Trig, Echo 핀이 있다. 초음파 센서에서 중요한 역할을 하는 것이 바로 이 두 핀이다. Trig 핀은 trigger(방아쇠)라는 단어의 뜻처럼 초음파를 출력한다. 이 초음파가 물체에 닿으면 Echo 핀으로 신호를 보내오는 방식이다. 즉, Trig 핀으로 초음파 신호를 내보내고 Echo 핀으로 그에 대한 응답을 받는다.

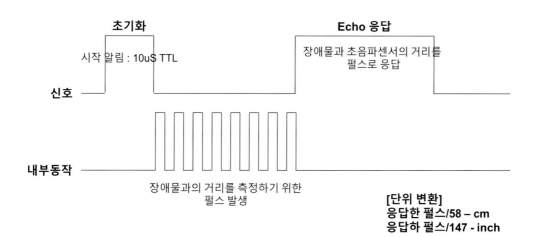

🔗 초음파 센서의 동작 원리

사용한 초음파 센서 HC-SR04에 대한 동작 원리는 위와 같다. 초음파 신호를 보내기 위한 파형을 만드는 Initiate 부분을 수행하고 실제 초음파를 보내는 부분을 수행한다. Echo 신호가 HIGH로 있는 동안(펄스 길이를 측정)의 시간을 계산하고 이를 cm 또는 inch로 변환하여 장애물과 센서간 거리를 측정한다.

● 라즈베리파이와 초음파 센서 연결하기

먼저 라즈베리파이와 초음파 센서를 연결하는 회로 구성은 아래와 같다. LED와 다르게 HC-SR04는 VCC가 5V이므로 핀 연결 시 주의하여야 한다. 5V VCC와 Ground 핀을 반대로 연결할 경우, 쇼트 문제가 발생하여 라즈베리파이가 망가질 수 있기 때문이다.

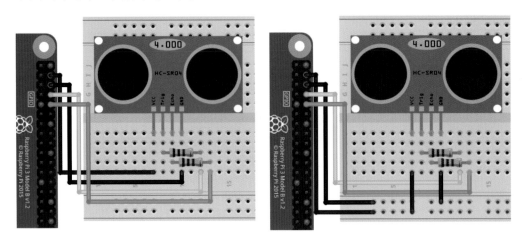

⚓ 라즈베리파이와 초음파 센서 연결하기

라즈베리파이에서 5V를 연결할 수 있는 GPIO 핀은 두 개 뿐이기 때문에 5V를 사용하는 전자 부품 사용성을 고려할 때 두가지 방법으로 회로도를 구성할 수 있다. 만약 브레드보드를 사용하지 않고 싶으면, 점퍼 케이블 암/암을 사용하여 바로 HC-SR04와 바로 연결한다. HC-SR04도 wiringpi-node 패키지를 사용하기 때문에 wiringpi-node 기준 Trig는 GPIO 15, Echo는 GPIO 16번에 연결한다.(일반 GPIO 기준 Trig는 GPIO 14, Echo는 GPIO 15).

● 프로그래밍으로 초음파 센서 제어하기

위의 회로도 연결을 소스코드로 나타내면 아래와 같다.

[실습 파일 : ultra.js]

```
1    var wpi = require('wiringpi-node');
2    var sleep = require('sleep');
3    var microtime = require('microtime');
4
5    wpi.setup('wpi');
6
7    var TRIG = 15;
8    var ECHO = 16;
9
10   wpi.pinMode(TRIG, wpi.OUTPUT);
```

```
11    wpi.pinMode(ECHO, wpi.INPUT);
12
13    function pulseln(pin, state){
14        var MAX_LOOPS = 1000000;
15        var numloops = 0;
16
17        while(wpi.digitalRead(pin) != state){
18            if(numloops++ == MAX_LOOPS)
19                return 0;
20    }
21    var timeStart = microtime-now();
22
23    while(wpi.digitalRead(pin) == state){
24        if(numloops++ == MAX_LOOPS)
25            return 0;
26    }
27    return microtime.now() - timeStart;
28    }
29
30    setInterval(function(){
31        wpi.digitalWrite(TRIG, wpi.LOW);
32        sleep.usleep(2);
33        wpi.digitalWrite(TRIG, wpi.HIGH);
34        sleep.usleep(20);
35        wpi.digitalWrite(TRIG, wpi.LOW);
36
37        var duration = pulseln(ECHO, wpi.HIGH);
38
39        var distance = Math.floor(duration/58);
40        console.log('distance : ' + distance + 'cm');
41    }, 1000);
```

• Line 2~3 : 정해진 시간 동안 대기하는 일을 하는 패키지인 sleep과 현재 시간을 알 수 있는 microtime 패키지이다. 설치가 되어 있지 않으므로 sudo npm install 명령어를 이용하여 미리 설치한다.

```
pi@raspberrypi:~ $ sudo npm install sleep
pi@raspberrypi:~ $ sudo npm install microtime
```

- Line 7~11 : TRIG, ECHO 핀에 대한 핀 번호와 모드를 설정한다. TRIG 핀의 경우 LED처럼 OUTPUT 모드로 설정하여 초음파를 전송하도록 한다. ECHO 핀의 경우 돌아오는 신호를 받아야하므로 INPUT 모드로 설정한다.
- Line 13~28 : 센서를 통해 측정되는 ECHO 응답을 계산하는 함수이다. ECHO 응답이 시작하는 순간부터 끝나는 순간 즉, ECHO가 1로 유지되는 시간을 측정하여 반환한다. MAX_LOOPS와 numloops는 초음파 센서가 무한 루프에 빠져 오작동하는 것을 방지하기 위해 사용하는 값이다.
- Line 31~35 : 그림 '초음파 센서의 동작 원리'에서 초기화 부분에 해당하며, TRIG 핀을 통해 펄스를 만들기 전 동작이 시작함을 알리는 역할을 한다.
- Line 37 : Line 13~28에서 측정한 ECHO 응답을 duration이라는 변수에 담는다.
- Line 39~40 : duration 변수에 담긴 값을 cm로 변환한다. Math.floor()은 소수점 내림을 하는 자바스크립트 문법이다. distance 변수에 담긴 센서와 장애물 간의 거리 결과를 콘솔에 출력한다.

● LED와 초음파 센서 연동하기

전자 부품은 단독으로 사용할 수도 있지만, 다른 전자 부품과 결합하여 새로운 기능을 만들어 낼 수도 있다. 그 중 간단하게 LED와 초음파 센서를 연동하는 예제를 소개한다. 이번 예제에서는 초음파 센서와 물체의 거리가 5cm 이내에 있다면, LED에 불이 켜지고 그렇지 않다면 꺼지는 것을 해본다. 이러한 예제는 PART 5에서 만들어 볼 CCTV에 적용할 수 있다. 초음파 센서로 외부 침입자의 존재를 감지하고 만약 침입자가 감지된다면 LED에 불을 켜 경고를 알릴 수 있다. 다양한 전자 부품을 결합하여 만들고자하는 서비스의 일부 혹은 전체를 구성할 수 있는 것이다. 회로도 구성은 다음과 같다. 앞에서 구성한 LED와 초음파 센서를 조합한 것이다

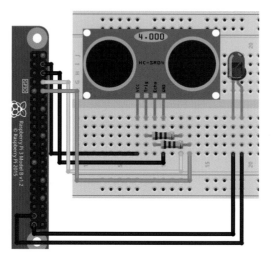

🌱 LED와 초음파 센서 연결하기

소스코드는 아래와 같다.

[실습 파일 : ultra_led.js]

```
1    var wpi = require('wiringpi-node');
2    var sleep = require('sleep');
3    var microtime = require('microtime');
4
5    wpi.setup('wpi');
6
7    var TRIG = 15;
8    var ECHO = 16;
9    var LED = 25;
10
11   wpi.pinMode(TRIG, wpi.OUTPUT);
12   wpi.pinMode(ECHO, wpi.INPUT);
13   wpi.pinMode(LED, wpi.OUTPUT);
14
15   function pulseIn(pin, state){
16      var MAX_LOOPS = 1000000;
17      var numloops = 0;
18
19      while(wpi.digitalRead(pin) != state){
20        if(numloops++ == MAX_LOOPS)
21           return 0;
22   }
23   var timeStart = microtime-now();
24
25   while(wpi.digitalRead(pin) == state){
26     if(numloops++ == MAX_LOOPS)
27        return 0;
28   }
29   return microtime.now() - timeStart;
30   }
31
32   setInterval(function(){
33      wpi.digitalWrite(TRIG, wpi.LOW);
34      sleep.usleep(2);
35      wpi.digitalWrite(TRIG, wpi.HIGH);
36      sleep.usleep(20);
37      wpi.digitalWrite(TRIG, wpi.LOW);
38
39      var duration = pulseIn(ECHO, wpi.HIGH);
```

```
40
41    var distance = Math.floor(duration/58);
42    if(distance < 5){
43        wpi.digitalWrite(LED, wpi.HIGH);
44    }
45    else{
46        wpi.digitalWrite(LED, wpi.LOW);
47    }
48    console.log('distance : ' + distance + 'cm');
49  }, 1000);
```

LED와 초음파 센서 초기화 부분은 기존과 동일하다. 두 전자 부품의 결합에 맞춰 수정된 부분은 다음과 같다.

- Line 42~47 : distance가 5cm보다 작으면 digitalWrite() 함수를 이용하여 핀 값을 HIGH로 설정하고 그렇지 않으면 LOW로 변경한다. 거리에 따라 LED 상태를 변경하여 준다. 실제 동작 결과는 다음 그림과 같다.

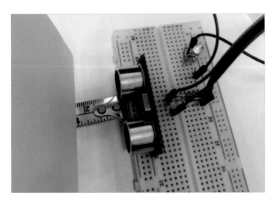

⚓ 초음파 센서에 따라 LED 상태 변경하기

③ 인체감지 센서 제어하기

인체감지 센서라고 하면 대부분 PIR(Passive Infrared Ray)센서를 떠올린다. PIR 센서는 현관이나 쇼핑몰 탈의실에서 자동으로 불이 켜지고 꺼지는 시스템에서 흔하게 볼 수 있다. 이름이 인체감지 센서이지만 엄밀히 말하면 적외선을 통해서 물체를 감지하기 때문에 사람부터 동물까지 다양하게 감지가 가능하다. 인체감지 센서로 쉽게 구할 수 있는 것은 HC-SR501이다. HC-SR501은 가변 저항을 이용하여 감지하는 정도와 지연 시간을 조정할 수 있다는 장점이 있다. 하지만 인체감지 센서가 민감하여 값을 읽는 것이 쉽지 않다는 단점이 있다. 인체감지 센서를 여러 개 시험해 본 결과 처음 사용하는 분들을 위하여 연결이 쉽고 값을 구하기 쉬운 아래와 같은 모델을 추천한다.

- 옥토퍼스 PIR 근적외선 인체모션감지 센서(EF04055)
- Gravity PIR 인체모션감지 센서
- 한글 보드 PIR 모션 센서

이번 예제에서는 gravity PIR 센서를 이용하여 실습을 진행한다. 종류는 다르지만 사용법은 모두 동일하기 때문에 어떤 것을 사용하여도 무방하다. 단, 핀을 연결할 때 그 위치 확인이 필요하다. 인체감지 센서는 VCC, Ground, Data 혹은 Output으로 구성된 세 개의 핀을 갖는다. 각 센서마다 핀의 구성은 같지만 연결하는 위치가 다르므로 항상 확인하고 연결해야 한다. 만약 핀의 연결이 잘못된 경우 부품이 타거나 라즈베리파이가 망가지는 경우가 발생할 수 있다.

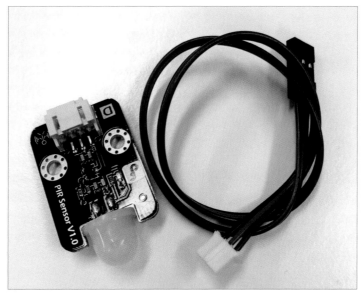

♨ Gravity PIR 센서

● 라즈베리파이와 인체감지 센서 연결하기

인체감지 센서는 기본적으로 +, −, D 세 개의 핀으로 구성되어 있다. +는 3.3V부터 5V까지 동작하므로 연결하지 않은 VCC 핀 중 원하는 위치에 연결하여 사용하면 된다. −는 Ground 핀에 연결하여 사용하며 적외선 신호를 받아 인체감지를 확인하는 D는 일반 GPIO 핀에 연결하며, INPUT 모드로 동작한다. INPUT 모드를 사용하는 이유는 인체감지 센서로부터 감지여부 정보를 라즈베리파이가 받기 때문이다.

이번 책에서 소개한 인체감지 센서는 초보자도 사용하기 쉽게 전자 부품을 모듈 형태로 만들어서 판매하는 업체에서 제작한 것이다. 따라서 우리가 앞에서 소개한 전자 부품들과 다르게 동봉된 케이블을 라즈베리파이에 연결하는 형식이다. 반대쪽 끝을 라즈베리파이와 연결하기 위해서 점퍼 케이블이 필요하며, 저항을 사용하지 않아도 되는 전자 부품이기 때문에 브레드보드에 연결할 필요도 없다.

좀 더 검색을 하면 인체감지 센서처럼 연결을 쉽게 할 수 있는 전자 부품이 많이 있으므로, 점퍼 케이블 연결이 어렵다면 이런 형태의 전자 부품을 사용하는 것도 좋은 방법이다. 단, 이런 부품들은 전자 부품에 추가적인 보드를 부착하여 제작하기 때문에 값이 조금 올라간다는 단점이 있다. 이런 업체 대부분은 입문용, 교육용으로 보드와 전자 부품을 제작하기 때문에 부품의 종류가 다양하지 않아 원하는 부품을 찾지 못할 수도 있다. 인체감지 센서는 감지가 이루어지면 약 3~4초 정도 신호가 유지되며, 처음 감지가 이루어진 후, 감지된 인체에 변화가 없으면 상태가 변경된다. 회로 구성은 아래와 같다.

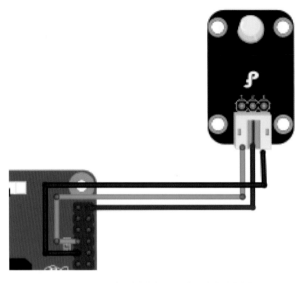

⚓ 라즈베리파이와 인체감지 센서 연결하기

● 프로그래밍으로 인체감지 센서 제어하기

회로 연결에 따라 소스코드를 작성하면 아래와 같다. 아래 소스코드는 1초에 한 번씩 인체감지 센서의 D 핀 상태를 확인하여 인체가 감지되었는지 확인하는 것이다.

[실습 파일 : pir.js]

```
1    var wpi = require('wiringpi-node');
2
3    wpi.setup('wpi');
4
5    var inPin = 7;
6    var pir_state = true;
7
8    wpi.pinMode(inPin, wpi.INPUT);
9    wpi.digitalWrite(inPin, wpi.LOW);
10
11   setInterval(function(){
12       if(pir_state){
13           if(wpi.digitalRead(inPin)){
```

```
14                    console.log('Detect Someone');
15                    pir_state = false;
16                    console.log('[LOCK] pir');
17
18                    setTimeout(function(){
19                          pir_state = true;
20                           console.log('[UNLOCK] pir');
21                          wpi.digitalWrite(inPin, wpi.LOW);
22                    }, 10000);
23              }else{
24                    console.log('not detect');
25              }
26        }
27   }, 1000);
```

- Line 5 : 인체감지 센서의 D 핀을 wPi GPIO 7, 일반 GPIO 4번에 연결한 것을 변수로 표현한 것이다. 해당 소스코드에서 wiringpi-node를 사용하기 때문에 wpi 핀 번호를 사용한다.
- Line 6 : 인체감지 상태를 나타내는 변수로, 감지된 상태(true)로 초기화를 한다.
- Line 8 : 인체감지 센서의 D 핀을 INPUT 모드로 설정한다.
- Line 9 : D 핀의 값을 0/Low로 초기화한다.
- Line 11, 28 : 1초에 한 번씩 인체감지 센서의 상태를 감지하는 반복문을 수행한다.
- Line 12 : pir_state 변수에 대입된 값에 따라 만약, pir_state가 true라면(인체감지) Line 23의 괄호까지 그 안의 내용을 수행한다.
- Line 13~16 : D 핀의 값을 읽었을 때, 그 값이 1(High)라면 해당 if문 내부의 내용을 수행한다. 물체가 감지되면 pir_state 값을 0(Low)로 변경한다. Line 14, 16은 물체가 감지되는 것에 대해 출력문 형태로 모니터에 보여주는 부분이다.
- Line 18~22 : setTimeout()은 앞서 다뤘지만 함수 이름 그대로 timeout할 시간을 설정하고 그 시간 이후에 함수 내부를 한 번 수행하고 종료하는 것을 이야기한다. setInterval() 함수 내부를 주기적으로 수행한다면, setTimeout()은 정해진 timeout 시간 이후에 함수 내부를 한 번 수행하고 종료한다.

이번 예제 소스코드에서는 10초를 timeout 시간으로 설정하고 10초 후에 pir_state와 D 핀의 값을 초기화 값과 동일하게 변경한다. 인체감지 센서는 한 번 감지되면 10초 이후에 다시 체크하기 위해서 timeout을 10초 정도로 설정하였다.

- Line 23~25 : D 핀의 값이 0/Low인 경우 인체감지가 되지 않았음을 출력문을 통해 알려준다.

● LED와 초음파 센서 연동하기

앞서 LED와 초음파 센서를 연동한 것처럼 인체감지 센서와 연동하여 LED를 제어할 수 있다. 초음파 센서와 인체감지 센서는 방식은 다르지만 무언가를 감지할 수 있는 것이므로 이 책을 통해 만들게 될 CCTV에 유용하게 사용할 수 있다. 소소코드는 아래와 같다.

[실습 파일 : pir_led.js]

```
1    var wpi = require('wiringpi-node');
2
3    wpi.setup('wpi');
4
5    ar inPin = 7;
6    var ledPin = 25;
7    var pir_state = true;
8
9    wpi.pinMode(inPin, wpi.INPUT);
10   wpi.pinMode(ledPin, wpi.OUTPUT);
11   wpi.digitalWrite(inPin, wpi.LOW);
12   wpi.digitalWrite(ledPin, wpi.LOW);
13
14   setInterval(function(){
15          if(pir_state){
16                 if(wpi.digitalRead(inPin)){
17                        console.log('Detect Someone');
18                        pir_state = false;
19                        console.log('[LOCK] pir');
20                        wpi.digitalWrite(ledPin, wpi.HIGH);
21
22                        setTimeout(function(){
23                               pir_state = true;
24                               console.log('[UNLOCK] pir');
25                               wpi.digitalWrite(inPin, wpi.LOW);
26                               wpi.digitalWrite(ledPin, wpi.LOW);
27                        }, 10000);
28                 }else{
29                        console.log('not detect');
30                        wpi.digitalWrite(ledPin, wpi.LOW);
31                 }
32          }
33   }, 1000);
```

앞의 초기화 부분은 LED와 인체감지 센서 각각과 동일하다. 수정된 소스코드에서는 인체감지 센서가 동작으로 하면 LED를 켜도록, 그렇지 않으면 끄도록 수정하였다. 이에 따라 추가된 소스코드는 Line 20, 26, 30

이다.

- Line 20 : Pir. State가 true라면 LED를 켠다.
- Line 26 : 10초(Set Timeout) 후, LED를 끈다.
- Line 30 : Pir. State가 false면 LED를 끈다.

4 서보 모터 제어하기

전기적 모터는 기본적으로 전기적 에너지를 이용하여 어떤 움직임을 만들어낸다. 대부분 모터라고 하면 어떤 방향으로 회전하는 것을 떠올리겠지만, 서보 모터는 어떤 위치로 정확히 움직일 수 있도록 방향과 각도를 설정할 수 있는 모터이다. 서보 모터는 주로 로봇의 관절처럼 방향 제어가 필요한 곳에 사용된다. 이러한 전자 부품은 보통 액추에이터(actuator)로 분류한다.

서보 모터는 0~180도까지 동작하는 것이 기본이나 종류에 따라 그 값이 조금씩 달라진다. 이번 예제에서는 다양한 서보 모터 중 SG90을 사용한다. 이 서보 모터는 가격이 저렴하고 크기가 작아서 간단한 실습용으로 널리 쓰인다. SG90의 사양은 다음과 같다.

회전 각도	0~180도
구동 전압	4.8~7.2V
구동 전류	0.2~0.7A
무게	9g
토크	1.8kg
크기	22.2 x 11.8 x 31mm

🔻 SG90 사양

사양을 보면 '토크'라는 생소한 단어가 보인다. 토크(Torque)는 회전력을 나타내는 말로 한 번의 회전을 할 때 물체를 들어올릴 수 있는 만큼의 힘으로 이해가 편하다. 서보 모터의 토크가 클수록 힘이 좋아지는 반면에 전력소모가 크다.

🔻 서보 모터 SG90

서보 모터는 VCC, Ground, Data 세 개의 핀으로 구성되어 있다. 앞에 소개한 전자 부품과 다르게 서보 모터는 별도의 핀 번호가 적혀있지 않아 각 선의 색으로(VCC, Ground, Data) 어떤 역할을 하는 선인지 파악해야 한다. VCC는 빨간색, Ground는 갈색 선으로 연결되어 있다. 남은 한 개의 주황색 선은 Data를 위한 선이다.

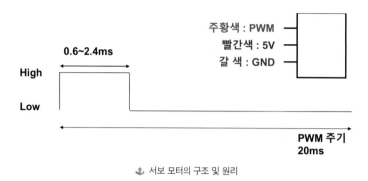

🔱 서보 모터의 구조 및 원리

서보 모터를 구매하면 모터 본체와 함께 서보혼이라고 불리는 세 종류의 플라스틱 막대기와 볼트가 들어있다. 서보혼의 안쪽은 톱니로 되어 있어 모터 본체와 연결하였을 때 이 톱니를 조절하며 회전각을 만든다. 함께 들어있는 볼트로 서보 모터와 모터혼을 혹은 서보 모터와 다른 물체 간에 고정시킬 수 있다.

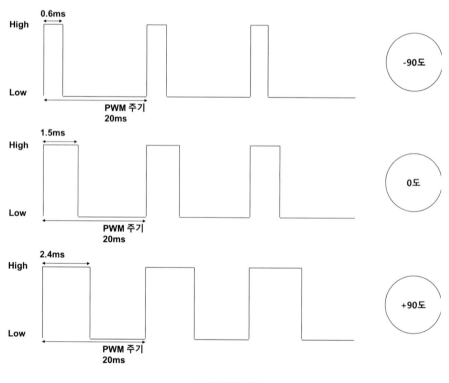

🔱 PWM 동작 원리

서보 모터는 PWM(Pulse Width Modulation)을 이용해 동작한다. Data 선을 이용해 바로 이 PWM을 처리하는 것이다. PWM은 펄스 폭 변조로, 디지털 신호를 이용하여 아날로그 신호처럼 보이게 만든다. PWM 동작 원리 그림을 보면 하나의 눈금을 기준으로 1을 유지하고 있는 비율에 따라 0%, 25%, 50% 등으로 나뉜다. 컴퓨터는 0과 1 두 개의 값을 이용하여 디지털 신호를 표현한다. 라즈베리파이는 컴퓨터이기 때문에 이 신호 체계에 따라 값을 표현한다. 이를 서보 모터에 적용하면 0(0도), 1(180도)를 의미한다.

PWM을 이용하여 마치 아날로그처럼 그 0과 180도 사이의 각도를 표시할 수 있다. 0도는 0V(0), 180도는 5V(1)로 표시한다고 했을 때, 180도에 가까울수록 1로 유지하는 시간을 길게 하고 0도에 가까울 수록 0으로 유지하는 시간을 길게 펄스를 생성하는 것이다. 서보 모터를 움직이기 위해서 하나의 펄스 주기를 만드는데 약 20ms가 든다. 그 중 1로 설정되는 duty-cycle은 약 1~2ms 정도이다. 서보 모터와 이 duty-cycle을 대입하여 보면, 90도는 1.5ms, 0도는 1ms, 180도는 2ms이다. 하지만 서보 모터의 데이터 시트를 보면 0~180도를 5, 6ms ~ 2.4ms까지 표현하는 것도 있다. 우리가 사용할 서보 모터도 이 값을 사용하여 0~180도까지 표현할 수 있다.

● 라즈베리파이와 서보 모터 연결하기

실습을 위해 위와 같이 라즈베리파이와 서보 모터를 연결하여 보자. VCC가 5V를 사용하기 때문에 왼쪽처럼 브레드보드에 미리 연결한 5V, Ground에 핀을 연결하여 사용할 수 있다. Data 핀은 wPi GPIO. 1 (일반 GPIO 기준 18번) 핀에 연결하였다. 라즈베리파이에 PWM용도로 할당된 핀은 wPi GPIO. 1(일반 GPIO 18번) 핀 뿐이기 때문에 꼭 이 핀에 연결하여야 한다. 만약 여분의 5V 핀이 남아있다면 브레드보드를 거치지 않고 오른쪽처럼 바로 GPIO에 연결하여 사용하여도 된다.

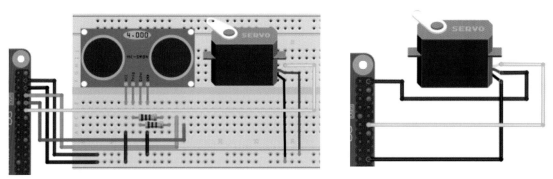

⚓ 라즈베리파이와 서보 모터 회로도 구성

● 프로그래밍으로 서보 모터 제어하기

이제 0~180도까지 0.1초마다 각도를 움직이는 것을 PWM을 이용하여 프로그래밍해보자. 라즈베리파이에서는 소프트웨어 PWM과 하드웨어 PWM 두 가지 방식을 지원하고 있다. 각각에 대해 살펴보면서 어떤 차이점이 있는지 소개한다.

● 소프트웨어 PWM

하드웨어와 상관없이 프로그램이 동작하는 동안만 PWM을 동작시키는 방식이다. 즉, 프로그램이 종료되면 PWM도 함께 종료된다. wiringpi-node 패키지에서 이와 관련된 API를 제공하고 있다.

● **softPwmCreate(Data pin, Initial value, PwmRange);**

PWM을 생성하는 함수이다. Data pin은 라즈베리파이의 모든 GPIO 핀에서 사용될 수 있다. 앞에서 PWM용으로 할당된 핀이 한 개라고 하였지만 소프트웨어 PWM의 경우 프로그램 안에서 PWM을 생성하기 때문에 Data 핀을 다른 핀에 연결하여도 무방하다. 이 함수가 wiringpi-node 패키지이므로 핀 번호는 wiringpi-node 기준으로 사용한다.(위의 회로도에서 wPi GPIO. 1번에 Data pin을 연결하였지만, 다른 핀을 사용하여도 무방하다). Initial value는 PWM의 초기값을 설정하는 값이다. 대개 value에는 0~100 사이의 값을 사용할 수 있으므로 그 중 원하는 값으로 초기화하며 보통 0으로 초기화한다. PwmRange는 100을 사용한다.

● **softPwmWrite(Data pin, Value);**

실제로 연결된 전자 부품에 PWM 값을 설정하는 함수이다. 서보 모터마다 다르지만 SG90의 경우 0~180도를 표현하기 위해서는 6~24 사이의 값을 사용한다. 이 값은 서보 모터 사양에 정의된 값이다.

위의 두 가지 함수를 이용한 소스코드는 아래와 같다.

[실습 파일 : servo_softPwm.js]

```
1    var wpi = require('wiringpi-node');
2
3    wpi.setup('wpi');
4
5    var pin = 1;
6    var num = 6;
7    var isRight = true;
8
9 wpi.softPwmCreate(pin, 0, 100);
10
11 setInterval(function(){
12       wpi.softPwmWrite(pin, num);
13       if(isRight){
14             num += 1;
15       }else{
16             num -= 1;
17       }
18
19       if(num == 24){
20             isRight = false;
21       }
22       if(num == 6){
23             isRight = true;
24       }
25 }, 100);
```

- Line 5 : Data pin으로 사용할 wPi GPIO 핀 번호를 변수 pin에 넣고 초기화한다.
- Line 6 : softPwmWrite() 함수에서 value에 넣을 값을 초기화한다.
- Line 7 : 서보 모터가 0도 혹은 180도로 갔을 경우 반대 방향으로 돌아오기 위한 플래그를 true로 초기화한다.
- Line 9 : softPwmCreate() 함수를 이용하여 PWM을 생성한다.
- Line 11, 25 : 0.1초에 한 번씩 setInterval() 함수를 수행하도록 만든다.
- Line 12 : softPwmWrite() 함수를 이용하여 PWM 값을 설정한다. 맨 처음에는 Line 6에서 초기화한 6으로 설정되고 이 후에는 소스코드에 따라 동작한다.
- Line 13~17 : softPwmWrite() 함수의 num값을 바꾸어 서보 모터의 각도를 변하게 한다. 만약 isRight가 true 상태(Line 13)이면 num의 값을 1씩 증가시킨다. 'num += 1'은 'num = num +1'과 같은 의미다. 만약 isRight가 false 상태(Line 15)이면 num의 값의 값을 1씩 감소시킨다. 'num -= 1'은 'num = num −1'과 같은 의미이다.
- Line 19~24 : 서보 모터의 방향을 설정할 수 있는 플래그 값 isRight를 설정한다. num은 0도부터 180도까지 나타내기 위해 6~24까지의 값을 사용하므로, num이 24이면 isRight를 false로, num이 6이면 isRight를 true로 변경한다. isRight 값에 따라 Line 13~17에서 num 값이 변경된다.

소프트웨어 PWM은 설정이 간단하다는 장점이 있지만 세밀한 range 설정이 어렵고, 짧은 주기를 만드는 작업을 소프트웨어로 하기 때문에 정밀함이 떨어지는 단점이 있다. 하드웨어 PWM을 사용하면 이러한 단점을 극복할 수 있다.

● 하드웨어 PWM

하드웨어 PWM은 보드의 data register에 값을 쓰는 방식을 사용한다. 하드웨어에 직접 값을 쓰는 것이기 때문에 gpio 명령어를 이용하여 제어가 가능하다. 터미널에서 'gpio −h'를 입력하여 PWM 관련 명령어가 무엇이 있는지 확인할 수 있다. 명령어 중 PWM과 관련하여 사용할 수 있는 명령어는 pwm, mode, pwm-bal/pwm-ms, pwmr, pwmc 정도이다.

```
pi@raspberrypi: ~ $ gpio - h
gpio: Usage: gpio - v
       gpio - h
       gpio [ - g| - 1] ...
       gpio [ - d] ...
       [ - x extension: params] [[ - x ...]] ...
       gpio [ - p] <read/write/wb> ...
       gpio <read/write/aread/awritewb/pwm/clock/mode> ...
       gpio <toggle/blink> <pin>
       gpio readall/reset
       gpio unexportall/exports
       gpio export/edge/unexport ...
       gpio wfi <pin> <mode>
       gpio drive <group> <value>
       gpio pwm- bal/pwm- ms
       gpio pwmr <range>
       gpio pwmc <divider>
       gpio load spi/i2c
       gpio unload spi/i2c
       gpio i2cd/i2cdetect
       gpio rbx/rbd
       gpio wb <value>
       gpio usbp high/low
       gpio gbr <channel>
       gpio gbw <channel> <value>
```

⚓ gpio 관련 명령어 모음

하드웨어 PWM을 사용하기 위해서 설정해야 할 것은 크게 3가지이다.

1. PWM 핀 모드 설정 (gpio mode 〈pin〉 pwm)

하드웨어 PWM의 경우, data pin만 wPi GPIO. 1(일반 GPIO 18)로 고정되어 있다. 다른 핀으로 연결하여도 정상 동작하지 않는다. wPi GPIO. 1을 PWM_OUTPUT으로 설정하는 것이다.

2. PWM ms 모드 설정 (gpio pwm-ms)

PWM에서 사용할 수 있는 방식는 balanced PWM와 mark:space PWM 두 가지 버전이 존재한다. 라즈베리파이에서 기본으로 사용하는 balanced PWM(pwm-bal)이며 이는 on/off 상태를 비율로 출력한다. Mark:space PWM(pwm-ms)은 고정된 간격으로 출력해주는 방식이다. 서보 모터를 사용하기 위해서는 pwm-ms로 설정하여 사용한다.

3. Clock (gpio pwmc 〈divider〉), Range 설정 (gpio pwmr 〈range〉)

Clock과 Range는 1 펄스를 만드는 50Hz를 어떻게 나누느냐에 따라 값이 변경된다. 기본적으로 구하는 공식은 50Hz = 19.2e6Hz / pwmc / pwmr 이다. pwmc, pwmr은 4096 내에서 조정하여 사용할 수 있으며, pwmc는 1920, pwmr은 200 혹은 pwmr 200, pwmr 1920을 사용하면 소프트웨어 PWM과 같은 결과가 나온다.

gpio 명령어를 이용하여 아래와 같이 SG90을 사용할 수 있다.

```
pi@raspberry: ~ $ sudo gpio mode 1 pwm
pi@raspberry: ~ $ sudo gpio pwm-ms
pi@raspberry: ~ $ sudo gpio pwmc 1920
pi@raspberry: ~ $ sudo gpio pwmr 200
pi@raspberry: ~ $ sudo gpio pwm 1 15
```

이와 같이 설정하면 서보 모터를 90도로 이동할 수 있으며 값을 설정할 때 GPIO Mode가 변경되는 것을 확인할 수 있다. 라즈베리파이 설정마다 다르지만 IN 또는 OUT으로 되어 있었던 설정이 ALTx로 변경된다.

```
 +-----+-----+---------+------+---+---Pi 3---+---+------+---------+-----+-----+
 | BCM | wPi |   Name  | Mode | V | Physical | V | Mode |   Name  | wPi | BCM |
 +-----+-----+---------+------+---+----++----+---+------+---------+-----+-----+
 |     |     |(DC POWER) 3.3v|   |   |  1 || 2 |   |      | 5v DC POWER |   |   |
 |   2 |   8 |( SDA. 1) GPIO02 | ALTO | 1 |  3 || 4 |   |      | 5v DC POWER |   |   |
 |   3 |   9 |( SCL. 1) GPIO03 | ALTO | 1 |  5 || 6 |   |      | 0v GROUND |   |   |
 |   4 |   7 |( GPIO_GCLK) GPIO04 | IN | 1 |  7 || 8 | 1 | ALTO | GPIO14( TXDO) | 15 | 14 |
 |     |     | GROUND 0v |   |   |  9 || 10 | 1 | ALTO | GPIO15( RXDO) | 16 | 15 |
 |  17 |   0 |( GPIO_GEN0) GPIO17 | IN | 0 | 11 || 12 | 0 | ALT5 | GPIO18( GPIO_GEN1) | 1 | 18 |
 |  27 |   2 |( GPIO_GEN2) GPIO27 | IN | 0 | 13 || 14 |   |      | 0v GROUND |   |   |
 |  22 |   3 |( GPIO_GEN3) GPIO22 | IN | 0 | 15 || 16 | 0 | IN   | GPIO23( GPIO_GEN4) | 4 | 23 |
 |     |     |(DC POWER) 3.3v|   |   | 17 || 18 | 0 | IN   | GPIO24( GPIO_GEN5) | 5 | 24 |
 |  10 |  12 |( SPI_MOSI) GPIO10 | ALTO | 0 | 19 || 20 |   |      | 0v GROUND |   |   |
 |   9 |  13 |( SPI_MISO) GPIO09 | ALTO | 0 | 21 || 22 | 0 | IN   | GPIO25( GPIO_GEN6) | 6 | 25 |
 |  11 |  14 |( SPI_CLK) GPIO11 | ALTO | 0 | 23 || 24 | 1 | OUT  | GPIO08( SPI_CE0_N) | 10 | 8 |
 |     |     | GROUND 0v |   |   | 25 || 26 | 1 | OUT  | GPIO07( SPI_CE1_N) | 11 | 7 |
 |   0 |  30 |( I2C ID EEPROM) ID_SD | IN | 1 | 27 || 28 | 1 | IN | ID_SC( I1C ID EEPROM) | 31 | 1 |
 |   5 |  21 | GPIO05 | IN | 1 | 29 || 30 |   |      | 0v GROUND |   |   |
 |   6 |  22 | GPIO06 | IN | 1 | 31 || 32 | 0 | IN   | GPIO12 | 26 | 12 |
 |  13 |  23 | GPIO13 | IN | 0 | 33 || 34 |   |      | 0v GROUND |   |   |
 |  19 |  24 | GPIO19 | IN | 0 | 35 || 36 | 0 | IN   | GPIO16 | 27 | 16 |
 |  26 |  25 | GPIO26 | IN | 0 | 37 || 38 | 0 | IN   | GPIO20 | 28 | 20 |
 |     |     | GROUND 0v |   |   | 39 || 40 | 0 | IN   | GPIO21 | 29 | 21 |
 +-----+-----+---------+------+---+----++----+---+------+---------+-----+-----+
 | BCM | wPi |   Name  | Mode | V | Physical | V | Mode |   Name  | wPi | BCM |
 +-----+-----+---------+------+---+---Pi 3---+---+------+---------+-----+-----+
```

🔖 gpio readall 명령어를 통해 확인한 GPIO 맵

하드웨어 PWM은 소프트웨어 PWM과 마찬가지로 wiringpi-node 패키지에서 API를 제공한다.

1. pinMode(data pin, wpi.PWM_OUTPUT);
data pin(wPi GPIO. 1 – 일반 GPIO 18)을 PWM_OUTPUT 모드로 설정한다. OUTPUT 모드이지만 PWM으로 사용하여 gpio readall 명령어로 확인할 때 IN/OUT이 아닌 ALT로 표시된다.

2. pwmSetMode(wpi.PWM_MODE_MS);
라즈베리파이서 기본적으로 설정된 balanced PWM이 아닌 mark:space PWM으로 PWM 모드를 설정한다.

3. pwmSetClock(value);
pwmSetRange(value2);
하나의 펄스를 만드는 50Hz를 구성하는 Clock과 Range 값을 설정한다.

4. pwmWrite(data pin, pwmValue);
실제로 연결된 전자 부품에 PWM 값을 설정하는 함수이다. 하드웨어 PWM은 소프트웨어 PWM과 다르게 세밀하게 PWM 값을 조정할 수 있으므로 clock과 range 값에 따라 pwmValue를 다양하게 설정할 수 있다.

이러한 API를 이용하여 0.1초마다 서보 모터의 각도를 이동하는 소스코드는 아래와 같다.

[실습 파일 : servo_hardPwm.js]

```
1    var wpi = require('wiringpi-node');
2
3    wpi.setup('wpi');
4
5    var pin = 1;
6    var num = 6;  //var num = 60;
7    var isRight = true;
8    wpi.pinMode(pin, wpi.PWM_OUTPUT);
9    wpi.pwmSetMode(wpi.PWM_MODE_MS);
10   wpi.pwmSetClock(1920); //wpi.pwmSetClock(192);
11   wpi.pwmSetRange(200); //wpi.pwmSetRange(2000);
12
13   setInterval(function(){
14           wpi.pwmWrite(pin, num);
15           if(isRight){
16                   num += 1;
17           } else{
18                   num -= 1;
19           }
20
```

```
21        if(num == 24){      //if(num == 240){
22                isRight = false;
23        }
24        if(num == 6){       //if(num == 60){
25                isRight = true;
26        }
27   }, 100);
```

- Line 5 : 하드웨어 PWM에서 사용하는 data pin의 값을 초기화한다. 하드웨어 PWM에서 사용하는 핀 번호는 wPi GPIO. 1(일반 GPIO 18)로 고정되어 있다.
- Line 6 : pwmWrite() 함수에서 value에 넣을 값을 초기화한다.
- Line 7 : 서보 모터가 0도 혹은 180도로 갔을 경우 반대 방향으로 돌아오기 위한 플래그를 true로 초기화한다.
- Line 8~11 : 하드웨어 PMW을 위한 초기 설정을 수행한다. Data pin과 PWM 모드를 설정하고 펄스를 위한 Clock과 Range값을 설정한다.
- Line 13, 27 : 0.1초에 한 번씩 setInterval() 함수를 수행하도록 만든다.
- Line 14 : pwmWrite() 함수를 이용하여 PWM 값을 설정한다. 맨 처음에는 Line6에서 초기화한 6으로 설정되고 이후에는 소스코드에 따라 동작한다
- Line 15~19 : pwmWrite() 함수의 num 값을 바꾸어 서보 모터의 각도를 변하게 한다. 만약 isRight가 true 상태(Line 15)이면 num의 값을 1씩 증가시킨다. 'num += 1'은 'num = num +1'과 같은 의미다. 만약 isRight가 false 상태(Line 17)이면 num의 값의 값을 1씩 감소시킨다. 'num -= 1'은 'num = num -1'과 같은 의미이다.
- Line 21~26 : 서보 모터의 방향을 설정할 수 있는 플래그 값 isRight를 설정한다. num은 0도부터 180도까지 나타내기 위해 6~24까지의 값을 사용하므로, num이 24이면 isRight를 false로, num이 6이면 isRight를 true로 변경한다. isRight 값에 따라 Line 15~19에서 num 값이 변경된다.

하드웨어 PWM의 장점 중 하나는 PWM 정도를 좀 더 세밀하게 표현할 수 있다는 것이다. 소프트웨어 PWM의 경우, softPwmCreate()의 PWMRange 값을 변경하여도 PWM의 정밀도에 변화가 없다. 그러나 하드웨어 PWM의 경우 한 번의 pulse를 생성하는데 해당하는 주파수 50Hz에 맞춰 clock과 range의 값을 변경하여 PWM을 다르게 표현할 수 있다. 바로 이 점이 하드웨어 PWM이 갖는 장점이다. Line 6, 10, 11, 21, 24의 주석의 내용으로 값을 변경하여 PWM 값이 어떻게 조정되는지 비교해보자.

5 라즈베리파이 카메라 제어하기

라즈베리파이의 장점 중 하나는 멀티미디어를 손쉽게 사용할 수 있다는 점이다. 이것이 가능한 이유는 첫째, 라즈베리파이의 SoC에서 이러한 것들을 처리해주기 때문이다. 둘째, 외부 인터페이스와 모듈을 제공하여 하드웨어 구성이 쉽기 때문이다. 이를 통해 라즈베리파이는 사진 촬영, 영상 촬영, open CV 등 다양한 기능을 사용할 수 있는 멀티미디어 기기로 확장이 가능하다.

라즈베리파이에는 USB 형태의 카메라와 리본 케이블 형태의 CSI 모듈 카메라 사용이 가능하다. 이 중 우리가 실습할 카메라 모듈은 리본 케이블 형태의 라즈베리파이 카메라이다.

⚓ 라즈베리파이 카메라

현재 라즈베리파이 카메라 모듈은 2.1v까지 출시되었으며, 이전 버전인 1.3v과 어떤 면에서 발전이 있었는지 살펴보면 아래와 같다.

	라즈베리파이 카메라 2.1v	라즈베리파이 카메라 1.3v
Release Date	2016년 4월	2013년 5월
Image Sensor	Sony IMX219 8-megapixel	OmniVision OV5647 5-megapixel
Pixel Count/Size	3296×2512/1.12×1.12um	2592×1944/1.4×1.4um
Angle of View	62.2×48.8 degree	54×41 degree
Video Mode	1080p30, 720p60, 640x480p60/90	
Sensor Mode	0. automatic selection 1. 1920×1080 30fps 2. 3280×2464 15fps 3. 3280×2464 1fps 4. 1640×1232 40fps 5. 1640×922 40fps 6. 1280×720 90fps 7. 640×480 90fps	0. automatic selection 1. 1920×1080 30fps 2. 2592×1944 15fps 3. 2592×1955 1fps 4. 1296×972 42fps 5. 1296×730 49fps 6. 640×480 60fps 7. 640×480 90fps
Focal Ratio(F-Stop)	2.9	2.0
Output Interface	MIPI CSI-2	MIPI CSI-2

⚓ 카메라 성능 비교

● 라즈베리파이 카메라 설정하기

라즈베리파이 카메라를 사용하기 위해서는 연결과 설정 두 단계가 필요하다. 라즈베리파이에는 리본 케이블을 연결할 수 있는 두 개의 인터페이스가 존재하는데 3.5mm 오디오 잭과 HDMI 케이블 사이에 있는 인터페이스가 카메라를 연결하는 곳이다.

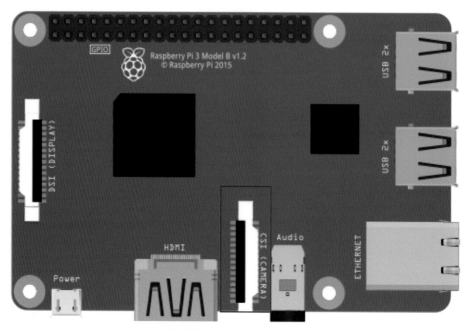

⚓ 라즈베리파이 카메라 인터페이스 위치

카메라 모듈을 살펴보면 연결 부위가 한 쪽은 은색 선으로 한 쪽은 파란 선으로 되어 있는데 이 두 방향을 신경 써서 연결하여야 한다. 라즈베리파이 카메라 모듈을 인터페이스에 정상적으로 연결하는 방식은 다음과 같다.

라즈베리파이의 CSI 인터페이스의 검은 부분을 위로 들어 올려서 카메라 모듈을 넣을 수 있는 공간을 만든다.

회색 선이 있는 쪽이 앞쪽으로 오도록 카메라 모듈을 깊숙이 넣는다.

카메라 모듈이 라즈베리파이에 고정되도록 인터페이스를 꾹 눌러준다.

라즈베리파이 카메라 모듈이 연결되어도 라즈베리파이 설정에서 인터페이스 기능을 활성화하지 않았다면 정상적으로 동작하지 않는다. 설정은 메뉴 → 기본 설정 → Raspberry Pi configuration → Interfaces 탭에서 활성화한다.

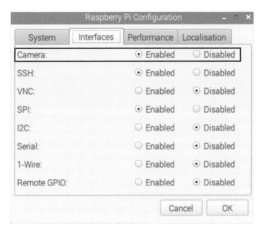

⚓ 라즈베리파이 설정에서 카메라 기능 활성화

● 라즈베리파이 사진 촬영하기

raspistill 명령어를 이용하여 사진 촬영을 할 수 있다. raspistill 명령어의 기본 동작은 카메라를 동작한 후 5초가 지나면 jpg 파일로 사진을 촬영하는 것이다. 엄밀히 이야기하면 5초 뒤에 timeout을 하고 그 순간을 캡처

하는 것이다. 촬영 시간이나 파일 확장자 변경 등은 raspistill 옵션을 이용하여 변경할 수 있다. 사진 촬영 및 옵션 설정은 터미널에서 'raspistill' 명령어를 통해 확인할 수 있다.

● raspistill [옵션]

● 이미지 파라미터 옵션

- -?, —h : 도움말 옵션
- -w, —width : 사진의 넓이 설정 〈size〉
- -h, —height : 사진의 높이 설정 〈size〉
- -q, —quality : jpeg 품질 설정 〈0~100〉
- -o, —output : 저장할 파일 이름 설정 〈파일이름〉, 설정하지 않을 경우 파일이 저장되지 않음
- -v, —verbose : 사진을 촬영할 동안 관련 정보를 출력하도록 설정
- -t, —timeout : 사진을 촬영할 시간 설정, 기본 5초로 설정되어 있음
- -e, —encoding : 인코딩 파일 변경 설정(jpg, bmp, gif, png)
- -k, —keypress : 엔터키를 누르면 사진이 촬영되도록 설정

● 미리 보기 파라미터 옵션

- -p, —preview : 미리 보기 설정
- -f, —fullscreen : 전 화면으로 미리 보기 설정
- -op, —opacity : 미리 보기 화면에서 투명도 설정 〈0~255〉
- -n, —nopreview : 미리 보기 화면을 설정하지 않음

● 이미지 파라미터 옵션

- -sh, —sharpness : 사진의 선명도 설정 (-100~100)
- -co, —contrast : 사진의 대비도 설정 (-100~100)
- -br, —brightness : 사진의 밝기 설정 (0~100)

사진을 촬영할 때, 홈 디렉토리(/home/pi/)에 이미지를 저장한다면, 별도의 위치 설정이 필요 없다. 만약 다른 위치에 이미지를 저장하고 싶다면 해당 디렉토리로 이동하거나 -o 옵션에서 절대경로로 저장하고자 하는 위치를 설정한다. 라즈베리파이에는 이미지 뷰어(기본 → 보조프로그램 → 그림보기)가 기본적으로 내장되어 있으므로, 별도의 패키지 설치없이 더블클릭으로 결과물을 확인할 수 있다. CLI 모드로 부팅한 경우, 별다른 GUI를 지원하지 않으므로 결과 확인이 쉽지 않다.

```
pi@raspberypi:~$ raspistill -v -o testImage.jpg
```

위와 같은 명령어로 사진을 촬영할 경우, 현재 카메라 촬영 시 설정된 옵션 정보가 출력(-v 옵션)되며, 5초 뒤에 사진을 촬영하고 /home/pi 디렉토리에 testImage.jpg 이름으로 파일을 저장(-o 옵션)한다. 기본 카메라 모듈 외에도 적외선, 망원렌즈 등을 사용하여 동일한 방식으로 촬영이 가능하다. 명령어 입력으로 간단한 촬영을 할 수 있기 때문에 이를 활용하여 자신만의 DIY 카메라를 만든 사례도 있다.

⚓ 라즈베리파이 카메라 모듈을 이용한 DIY 카메라 (출처 : http://raspberrypi.org)

위의 예제와 같은 카메라를 만들기 위해서는 사진 촬영을 할 수 있는 물리적 장치가 필요하다. 카메라에 결합하기 편한 부품은 버튼이다. 그 중, 브레드보드에 꽂아서 쉽게 사용할 수 있는 버튼은 아래 그림과 같은 푸시 버튼(push button)이다. 다른 종류의 푸시 버튼 스위치도 있는데, 대부분은 브레드보드에 꽂기보다는 납땜을 통해 케이블과 연결하는 형식으로 되어 있다.

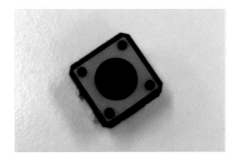

⚓ 푸시 버튼 스위치

푸시 버튼은 3.3V와 GPIO 핀을 연결한다. 별도의 저항은 필요 없으며, 버튼을 눌렀을 때 입력신호를 감지하도록 회로를 구성하였다. 이번에도 wiringpi-node 패키지를 사용한다.

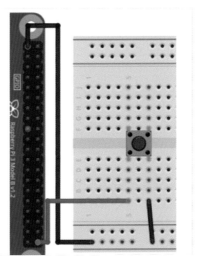

⚓ 라즈베리파이와 푸시 버튼 연결하기

라즈베리파이 카메라와 푸시 버튼을 결합하여 동작시키는 결과는 아래와 같다.

[실습 파일 : cam_pic.js]

```
 1   var wpi = require('wiringpi-node');
 2   var exec = require('child_process').exec;
 3
 4   wpi.setup('wpi');
 5
 6   var pin = 29;
 7   var result = 0;
 8   var i = 1;
 9
10   wpi.pinMode(pin, wpi.INPUT);
11
12   setInterval(function(){
13           result = wpi.digitalRead(pin);
14
15           if(result){
16                   console.log('Take a picture');
17                   exec('raspistill -o /home/pi/' + i + '.jpg');
18                   i++;
19           }
20   }, 500);
```

- Line 1~2 : wiringpi-node와 exec 패키지 사용을 위하여 프로그래밍 내에 각 패키지를 추가한다.
- Line 4 : wPi GPIO 번호로 GPIO 핀을 제어하기 위해 설정한다.
- Line 6~8 : 프로그램에 필요한 각 변수를 선언 및 초기화한다. GPIO에 연결할 핀을 wPi GPIO. 29(일반 GPIO 21번)로 초기화하고 실제 핀에 입력이 있는지 값을 담을 변수 result를 0으로 초기화한다. 마지막으로 촬영할 사진 이름을 번호로 표시하기 위하여 변수 i를 생성하고 1로 초기화한다. 따라서 맨처음 사진을 찍으면 파일의 이름은 1.jpg가 된다.
- Line 10 : 푸시 버튼을 누르면 wPi GPIO. 29로 입력 상태를 확인한다. 따라서 이 핀을 INPUT 모드로 설정한다.
- Line 12, 20 : 0.5초에 한 번씩 setInterval() 함수 내부를 실행한다. (- 푸시 버튼이 눌렸는지, 촬영을 할지)
- Line 13 : 0.5초에 한 번씩 푸시 버튼에 입력이 있었는지 digitalRead()함수를 이용하여 확인하고 그 결과를 result 변수에 넣는다.
- Line 15~19 : 만약 Line 13에 의해 푸시 버튼이 눌렸다면 해당 소스코드를 실행한다. 'Take a picture'를 콘솔에 출력하고, raspistill 명령어를 이용하여 사진을 촬영한다. 이 때, 사진의 이름은 변수 i에 할당된 숫자로 표시되며 사진을 촬영하고 난 후, 1을 증가하여 그 다음 촬영할 때 동일한 파일에 사진을 덮어쓰지 않도록 한다.

● 라즈베리파이 동영상 촬영하기

사진 촬영과 마찬가지로 간단한 명령어를 이용하여 쉽게 동영상을 촬영할 수 있다. 기본적으로 .h264 형식으로 촬영되며 5초간 촬영을 진행한다. raspistill과 마찬가지로 옵션을 통해 설정을 바꾸어 촬영할 수 있으며 사진 촬영과 중복되지 않는 몇 가지 옵션을 소개하면 아래와 같다.

> ### ● raspivid [옵션]
>
> #### ● 이미지 파라미터 옵션
> - −w, −−width : 이미지 넓이 설정 〈size〉, 기본 설정은 1920
> - −h, −−height : 이미지 높이 설정 〈size〉, 기본 설정은 1080
> - −b, −−bitrate : 초당 전송할 bit 설정 (예: 10MBits/s −〉 −b 10000000)

위에서 소개하지 않은 옵션의 대부분은 raspistill과 동일한 옵션을 사용한다.

```
pi@raspberypi:~$ raspivid −v −o testVideo.h264
```

위와 같이 영상 촬영 옵션을 설정할 경우 기본 설정인 5초 동안 동영상을 촬영하고 종료 시, 촬영 시 설정된 정보에 대해 콜솔에 출력하여 준다. 이 또한 raspistill의 예제처럼 푸시 버튼을 눌렀을 때 동영상을 촬영하는 프로그램을 구현할 수 있다. 소스코드 상에서 Line 16의 로그와 Line 17에서 명령어만 수정하였으므로 별도의 설명은 생략한다.

[실습 파일 : cam_movie.js]

```javascript
1    var wpi = require('wiringpi−node');
2    var exec = require('child_process').exec;
3
4    wpi.setup('wpi');
5
6    var pin = 29;
7    var result = 0;
8    var i = 1;
9
10   wpi.pinMode(pin, wpi.INPUT);
11
12   setInterval(function(){
13           result = wpi.digitalRead(pin);
14
15           if(result){
```

```
16                console.log('Record a video');
17                exec('raspivid -o /home/pi/' + i + '.h264');
18                i++;
19            }
20    }      , 500);
```

raspivid로 촬영 시 기본 확장자명이 .h264인데 이는 널리 쓰이지 않는다. 만약 다른 확장자로 변환을 원할 경우 별도의 패키지를 설치하여 변환 작업을 거쳐야한다.

```
pi@raspberypi:~$ sudo apt-get install gpac
```

gpac 패키지를 설치할 경우 .h264 파일을 .mp4 파일로 변환할 수 있다. 만약 설치가 안 될 경우, sudo apt-get update 명령어를 수행한 후 다시 설치하면 정상적으로 설치된다. 변환 명령어의 기본 사용법은 아래와 같으며 터미널에 'MP4Box'를 입력하여 옵션을 확인하고 사용할 수 있다.

```
pi@raspberypi:~$ MP4Box -add testVideo.h264 testVideo.mp4
```

● omxplayer를 사용하여 동영상 파일 재생하기

라즈베리파이에서 음악, 동영상 재생에 가장 쉽게 사용할 수 있는 플레이어는 omxplayer이다. 라지비안 제씨 위드 픽셀에는 내장되어 있으며, 제씨 라이트를 사용할 경우에는 아래와 같이 설치하여 사용할 수 있다.

```
pi@raspberypi:~$ sudo apt-get install omxplayer
```

사진과 달리 파일을 더블클릭하였다고해서, omxplayer가 자동실행되지 않는다. omxplayer를 기본 실행 프로그램으로 사용하기 위해서는 다음과 같은 작업을 해주어야 한다.

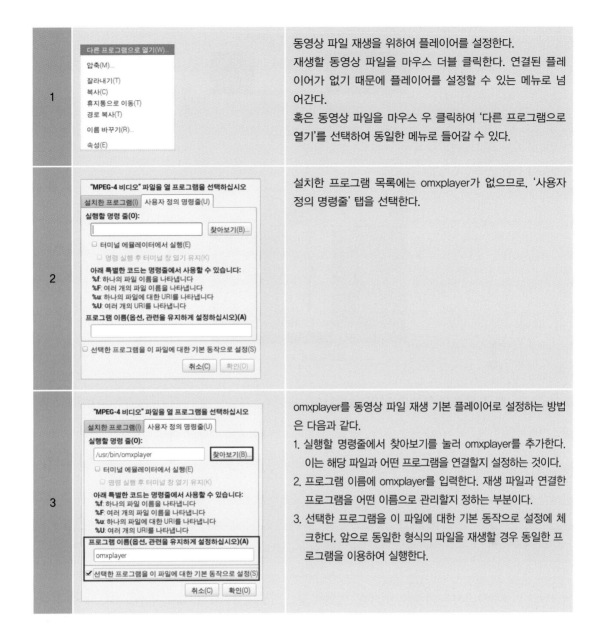

1		동영상 파일 재생을 위하여 플레이어를 설정한다. 재생할 동영상 파일을 마우스 더블 클릭한다. 연결된 플레이어가 없기 때문에 플레이어를 설정할 수 있는 메뉴로 넘어간다. 혹은 동영상 파일을 마우스 우 클릭하여 '다른 프로그램으로 열기'를 선택하여 동일한 메뉴로 들어갈 수 있다.
2		설치한 프로그램 목록에는 omxplayer가 없으므로, '사용자 정의 명령줄' 탭을 선택한다.
3		omxplayer를 동영상 파일 재생 기본 플레이어로 설정하는 방법은 다음과 같다. 1. 실행할 명령줄에서 찾아보기를 눌러 omxplayer를 추가한다. 이는 해당 파일과 어떤 프로그램을 연결할지 설정하는 것이다. 2. 프로그램 이름에 omxplayer를 입력한다. 재생 파일과 연결한 프로그램을 어떤 이름으로 관리할지 정하는 부분이다. 3. 선택한 프로그램을 이 파일에 대한 기본 동작으로 설정에 체크한다. 앞으로 동일한 형식의 파일을 재생할 경우 동일한 프로그램을 이용하여 실행한다.

● 동영상 재생을 위한 오디오 출력 설정하기

라즈비안 제씨 위드 픽셀 버전의 OS를 사용하는 경우 일반 윈도우, 맥 컴퓨터를 사용하는 것과 GUI 환경이 많이 다르지 않다. 따라서 대부분의 설정을 GUI 환경에서 마우스로 간단하게 할 수 있으며 오디오 출력 또한 마찬가지이다. 라즈베리파이 바탕화면의 우측 상단에 오디오 출력에 관한 메뉴가 있으며 이를 조작하여 간단하게 설정을 변경할 수 있다. Analog가 3.5mm 오디오 잭에 해당한다. 오디오 모양의 아이콘에 마우스 우 클릭을 하면, Analog와 HDMI를 설정할 수 있다. Analog가 3.5mm 오디오 잭에 해당한다. 오디오를 재생하였는데 소리가 나지 않으면 출력이 정상적으로 되어 있는지 확인이 필요하다.

오디오 출력 설정하기

출력되고 있는 음량의 크기도 마우스로 간단하게 설정할 수 있다. 이번에는 위와 동일한 오디오 아이콘을 좌클릭하여 출력 크기를 변경한다.

오디오 출력 크기 설정하기

● mplayer를 사용하여 오디오 파일 재생하기

라즈베리파이에 내장된 omxplayer 외에 사용할 수 있는 mplayer를 소개한다. omxplayer가 BCM 칩에 의존성을 가지고 있어 사용자가 제어할 수 있는 부분이 적다면 mplayer는 사용자 필요에 따라 조정하여 사용할 수 있다는 장점이 있다. 파일을 재생 중에도 재생 정보를 확인할 수 있어서 편리하지만 동영상 재생에는 적합하지 않다. mplayer는 패키지 설치가 필요하므로 아래의 방법으로 설치하여 사용한다.

```
pi@raspberypi:~$ sudo apt-get install mplayer
```

명령어를 이용하여 오디오 파일을 재생하면 아래와 같은 정보를 확인할 수 있다. 재생될 파일의 총 길이와 현재 얼마나 재생되고 있는지 확인할 수 있으며 mplayer에서 사용가능한 옵션은 터미널에 'mplayer' 명령어를 입력하여 확인할 수 있다.

```
pi@raspberrypi:~ $ mplayer music.mp3
MPlayer2 2.0-728-g2c378c7-4+b1 (C) 2000-2012 MPlayer Team
Cannot open file '/home/pi/.mplayer/input.conf': No such file or directory
Failed to open /home/pi/.mplayer/input.conf.
Cannot open file '/etc/mplayer/input.conf': No such file or directory
Failed to open /etc/mplayer/input.conf.

Playing music.mp3.
Detected file format: Audio only
Load subtitles in .
Selected audio codec: MPEG 1.0/2.0/2.5 layers I, II, III [mpg123]
AUDIO: 44100 Hz, 2 ch, s16le, 320.0 kbit/22.68% (ratio: 40000->176400)
AO: [pulse] Init failed: Connection refused
AO: [alsa] 44100Hz 2ch s16le (2 bytes per sample)
[AO_ALSA] Unable to find simple control 'Master',0.
Video: no video
Starting playback...
A:   8.7 (08.6) of 215.0 (03:35.0)  3.1%
```

⚓ mplayer를 이용한 오디오 파일 재생하기

mplayer는 오디오 재생에 적합하므로, .mp3 혹은 .wav 같이 오디오를 재생할 때에는 자동으로 이 플레이어를 사용하도록 설정할 수 있다. omxplayer 플레이어를 이용해 동영상을 재생한 것과 같은 방식으로 설정한다.

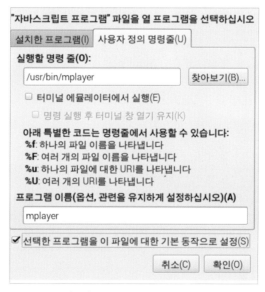

⚓ 오디오 파일 재생을 위한 기본 플레이어 설정하기

PART **5**

우리집을 지키는
CCTV 만들기

CHAPTER
001 | mjpg-streamer를 이용한 CCTV 만들기

이번 장에서는 오픈소스인 mjpg-streamer를 이용하여 간단한 CCTV를 만들어본다. 오픈소스란 소프트웨어 또는 하드웨어에 대한 원작자의 권리를 지키는 안에서 누구나 활용할 수 있게 공개한 것을 이야기한다.

라즈베리파이 안에도 다수의 오픈소스가 포함되어 있다. 라즈베리파이 운영체제인 라즈비안은 오픈소스 운영체제인 리눅스의 하나인 데비안을 사용했다. 라즈베리파이에서 사용되는 웹브라우저 역시 크로미움 (Chromium)이라고 하는 구글 크롬의 오픈소스 웹브라우저이다. 이렇게 프로그램의 형태로 되어 있거나 소스코드를 공개하는 것은 오픈소스 소프트웨어라고 한다. 이와 비슷하게 오픈소스 하드웨어라는 개념이 널리 쓰이고 있다. 라즈베리파이에 관심이 있다면 한 번쯤 들어보았을 아두이노가 바로 오픈소스 하드웨어의 대표적인 예이다. 오픈소스 하드웨어는 그 하드웨어를 제작하는데 필요한 설계 회로도, 부품 등을 공개함으로써 누구나 만들어 사용할 수 있도록 한다. 그래서 아두이노 짝퉁 보드라고 부르지 않고 아두이노 호환보드라는 명칭을 사용한다. 일부 책이나 인터넷 상에서 라즈베리파이 또한 오픈소스 하드웨어라고 되어 있는데, 엄밀히 말하면 라즈베리파이는 오픈소스 하드웨어는 아니다. 라즈베리파이 설계 회로도라고 공개되어 있는 것은 현재 라즈베리파이 실제 도면과 일치하지 않고 있으며, 라즈베리파이 재단에서도 라즈베리파이를 오픈소스 하드웨어에 편입시킬 계획이 없다고 밝혔기 때문이다.

이제 오픈소스가 무엇인지 이해했으니 우리가 사용할 오픈소스인 mjpg-streamer에 대해 살펴보자.

● mjpg-streamer란 무엇인가요?

우리가 사용할 것은 mjpg-streamer라고 하는 웹캠 스트리밍 오픈소스 소프트웨어이다. 카메라로부터 받는 입력을 jpeg파일로 받아 사용할 수 있으며, 스냅 샷 혹은 스트리밍으로 mjpg-streamer 서버로 전송하여 웹 페이지에서 결과를 확인할 수 있다. mjpg-streamer는 http(다양한 웹브라우저), mplayer 등 jpeg 스트림을 수신할 수 있는 소프트웨어에서 동작이 가능하기 때문에 다양한 입/출력 방식에 대한 설정을 할 수 있다. 이를 활용하면 몇몇 소프트웨어 설정을 통해 바로 CCTV를 동작시킬 수 있다. 단, mjpg-streamer는 웹캠에서 사용하는 소프트웨어이기 때문에 웹캠이 아닌 라즈베리파이 전용 카메라를 이용하려면 몇 가지 설정이 필요하다.

1 mjpg-streamer 설치 및 설정하기

● mjpg-streamer 설치하기

mjpg-streamer는 오픈소스이기 때문에 사용 방법 및 소스코드가 공개되어 있다.
mjpg-streamer를 라즈베리파이에서 사용하기 위해서는 관련된 파일을 다운로드 및 설치하여야 한다. 설치 방법은 다음과 같다.

```
pi@raspberrypi:~ $ sudo apt-get install libjpeg8-dev imagemagick libv4l-dev subversion
pi@raspberrypi:~ $ svn checkout svn://svn.code.sf.net/p/mjpg-streamer/code mjpg-streamer
pi@raspberrypi:~ $ cd mjpg-streamer/mjpg-streamer
pi@raspberrypi:~/mjpg-streamer/mjpg-streamer $ make
```

각각에 대한 설명은 다음과 같다.

① mjpg-streamer 설치와 관련된 리눅스 패키지를 설치한다.

패키지 이름	설명
libjpeg8-dev	JPEG 파일을 처리하는 라이브러리
imagemagick	그래픽 이미지를 새로 만들거나 고치는데 사용하는 오픈소스 소프트웨어
libv4l-dev	리눅스에서 실시간 비디오 촬영을 지원하는 드라이버 및 API 모음인 video4linux를 지원하는 라이브러리
subversion	svn 소프트웨어 버전 관리 시스템

② svn에서 mjpg-streamer 프로젝트를 다운로드 받는다.

③ 다운로드 받은 mjpg-streamer의 하위 디렉토리인 mjpg-streamer 디렉토리로 이동한다.

④ make 명령어를 이용하여 프로젝트 파일을 컴파일한다.

위의 설치 단계가 정상적으로 되지 않는다면 두 가지를 확인해보아야 한다.

첫째, 오타가 있는지 확인해보아야 한다. 라즈베리파이 뿐만 아니라 리눅스로 설치파일을 사용하는 경우 아쉬운 점 중 하나는, 오타에 대한 오류를 찾기 쉽지 않다는 점이다. 오타로 인해 정상적인 경로에서 설치를 못하는 것인지 먼저 확인이 필요하다.

둘째, 소프트웨어 업데이트가 정상적으로 되었는지 확인해보아야 한다. mjpg-streamer를 사용하기 위해서는 sudo apt-get update/upgrade 명령어를 통하여 소프트웨어 패키지를 최신으로 갱신하여야 한다. 만약 정상적으로 설치가 되지 않는다면, PART 2에서 했던 이 과정을 다시 수행한 후, 설치가 되는지 확인이 필요하다.

● 라즈베리파이 카메라 모듈 적재하기

mjpg-streamer를 사용하기 위해서는 먼저 라즈베리파이 카메라를 라즈베리파이 설정에서 실행시켰는지 확인해야 한다. GUI 모드로 사용하는 경우 Raspberry Pi Configuration에서 interfaces 메뉴에서 카메라 기능이 enable로 되어있는지 확인해야 한다. CLI 모드로 사용하는 경우 sudo raspi-config에서 Interfacing Options에서 카메라 기능을 사용하도록 설정한다. 이 설정이 끝나면 라즈베리파이를 한 번 재부팅한다.

이 작업이 잘 되어야 카메라 모듈을 정상적으로 적재할 수 있다. 그럼 이제 라즈베리파이 카메라 모듈을 적재하는 작업을 해야 한다. 기본적으로 리눅스 커널에 모듈을 추가하거나 제거하는 명령어인 modprobe를 사용한다.

```
pi@raspberrypi:~ $ sudo modprobe bcm2835-v4l2
```

bcm2835-v4l2(video4linux2)는 라즈베리파이에서 카메라 입력을 받기 위한 표준 디바이스를 의미한다. 이 모듈이 정상적으로 적재되었다면 /dev 디렉토리에 videoX로 모듈이 적재되어 있을 것이다. X는 번호를 의미하고 대부분 한 개의 카메라를 연결하므로 video0으로 설정될 것이다. 정상적으로 모듈이 적재되었다면 ls 명령어를 이용하여 검색할 때 아래와 같은 결과를 확인할 수 있다.

```
pi@raspberrypi:~ $ ls /dev/video0
/dev/video0
```

⚓ 라즈베리파이 비디오 모듈 적재 확인

하지만, 이 설정은 일회성으로 라즈베리파이를 재부팅하면 사라진다. 재부팅 후에 위의 명령어로 모듈을 검색하면 'No such file or directory'라는 문구를 보게 될 것이다. 그렇다면 매번 재부팅할 때마다 모듈을 적재하는 명령어를 수행해야하는 것일까? 그렇지 않다. /etc/modules 파일에 모듈 적재 명령어를 미리 넣어두고 재부팅할 때마다 실행하도록 하면 된다.

```
pi@raspberrypi:~ $ sudo nano /etc/modules
```

```
1 # /etc/modules: kernel modules to load at boot time.
2 #
3 # This file contains the names of kernel modules that should be loaded
4 # at boot time, one per line. Lines beginning with "#" are ignored.
5 bcm2835- v4l2
6 i2c- dev
```

2 mjpg-streamer를 이용하여 CCTV 실행하기

명령어를 통해서 mjpg-streamer를 실행하여 스냅 사진과 영상 스트리밍을 사용할 수 있다. 사용할 명령어는 다음과 같다. 실행하는 위치는 /home/pi/mjpg-streamer/mjpg-streamer이다.

```
pi@raspberrypi:~$ cd mjpg-streamer/mjpg-streamer
pi@raspberrypi:~/mjpg-streamer/mjpg-streamer $ ./mjpg_streamer -i "[input 종류]" -o "[output 종류]"
```

mjpg-steamer는 컴파일을 했던 그 폴더 안에서 실행 명령을 사용해야 하며 입력과 출력에 대해 다양한 옵션을 설정할 수 있다. mjpg-streamer 설정에 대한 옵션은 다음 명령어를 통해 확인할 수 있다.

```
pi@raspberrypi:~/mjpg-streamer/mjpg-streamer $ ./mjpg_streamer -h
```

mjpg-streamer에서 제공하는 입력에 관한 옵션은 세 가지가 있다.

① intput_file.so : 미리 촬영해 둔 파일을 입력을 받는 방식을 의미한다.

② input_testpicture.so : test파일을 이용하여 입력을 받는 방식이다. 프로그램 내에 문제가 있는지 진단하기 위해 사용되며, 별도로 입력으로 받을 파일을 저장하지 않아도 된다.

③ input_uvc.so : uvc는 usb video device class의 약자로 웹캠, 디지털 캠코더와 같이 비디오를 스트리밍할 수 있는 장치를 통하여 입력을 받는 방식을 의미한다.

출력에 대한 옵션은 다음 세 가지가 있다.

① output_file.so : 입력받은 영상을 jpg 파일의 이미지 파일 형태로 /tmp 디렉토리에 저장한다.

② output_udp.so : udp 통신을 통한 파일을 출력하여 볼 수 있다.

③ output_http.so : 입력받은 영상을 웹서버에 올려서 올려서 볼 수 있다.

그 중, 우리가 사용할 옵션은 비디오를 스트리밍할 수 있는 장치를 통해 입력받은 jpg 파일을 웹서버에 올려 확인하는 것이다.

```
pi@raspberrypi:~/mjpg-streamer/mjpg-streamer $ ./mjpg_streamer -i "./input_uvc.so" -o "./output_
https.so -w ./www"
```

해당 명령어를 실행 후, 웹브라우저를 열어 http://라즈베리파이_ip:8080 으로 접속하면 카메라로 촬영한 스트리밍을 볼 수 있는 웹페이지가 생성된다. 이 웹페이지는 mjpg-streamer 실행되는 동안만 유효하기 때문에, 항상 명령어 실행 후, 웹페이지에 접속하여야 한다. 또한 크롬/크로미움을 사용하지 않는 경우 결과가 제대로 보이지 않을 수 있다. 만약, mjpg-streamer를 백그라운드로 동작시키기 원한다면, 수행 명령어 뒤에 &를 붙인다. 그러면 지금처럼 하나의 터미널을 점유하지 않고 다른 기능을 수행할 수 있다.

```
pi@raspberrypi:~/mjgp-streamer/mjpg-streamer$./mjpg_streamer -i "./input_uvc.so" -o "./output_
https.so -w ./www" &
```

웹페이지에 접속하면, Home 이외에 Static 페이지에서는 카메라가 동작하는 중, Static 페이지에 접속한 순간 촬영된 스냅 사진을, Stream 페이지에서는 매순간 촬영되는 스트리밍 영상을 바로 확인이 가능하다.

MJPG-Streamer Demo Pages
a ressource friendly streaming application

Home

Static

Stream

Java

Javascript

VideoLAN

Control

Version info:
v0.1 (Okt 22, 2007)

About
Details about the M-JPEG streamer

Congratulations

You sucessfully managed to install this streaming webserver. If you can see this page, you can also access the stream of JPGs, which can originate from your webcam for example. This installation consists of these example pages and you may customize the look and content.

The reason for developing this software was the need of a simple and ressource friendly streaming application for Linux-UVC compatible webcams. The predecessor *uvc-streamer* is working well, but i wanted to implement a few more ideas. For instance, plugins can be used to process the images. One input plugin copies images to a global variable, multiple output plugins can access those images. For example this webpage is served by the *output_http.so* plugin.

⚓ mjpg-streamer 접속 페이지

mjpg-streamer의 포트는 기본으로 8080으로 설정되어 있다. 다른 포트 사용과 충돌이 날 수 있으니, 포트 번호를 바꾸어 사용하고 싶은 경우 -p 옵션을 사용하여 새로운 출력 포트를 설정할 수 있다.

```
pi@raspberrypi:~/mjpg-streamer/mjpg-streamer $ 〉 ./mjpg_streamer -i "./input_uvc.so" -o "./output_https.so -p 8090 -w ./www"
```

우리집 지킴이, 나만의 CCTV 만들기

이번에는 그동안 학습한 내용을 바탕으로 프로그래밍과 전자 부품을 결합한 CCTV를 만들어본다. 기본적인 구성은 다음과 같다.

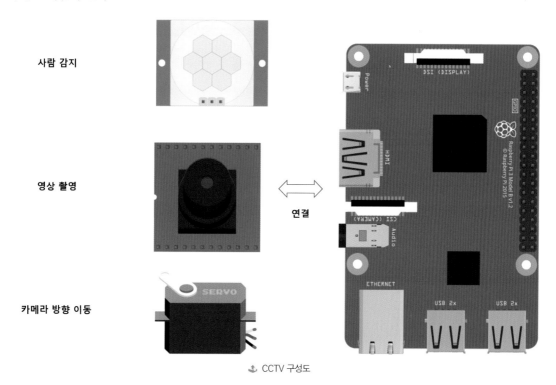

사람 감지

영상 촬영

연결

카메라 방향 이동

⚓ CCTV 구성도

기본적으로 필요한 전자 부품은 인체감지 센서, 라즈베리파이 카메라, 서보 모터 세 가지이다. 이 각각은 라즈베리파이에 연결되어 있으며, 침입자가 있는지 확인하고 그 영상은 라즈베리파이 카메라를 이용해 촬영한다. 물론 침입자가 없어도 영상은 실시간으로 촬영되고 있다. 사용자가 원하는 방향으로 카메라를 이동할 수 있도록 서보 모터를 연결하여 제어할 수 있도록 완성할 예정이다. 이 모든 것은 웹을 통해 연결되고 제어된다.

1 라즈베리파이와 전자 부품 연결하기

라즈베리파이와 전자 부품 연결은 PART 4와 동일하게 한다.

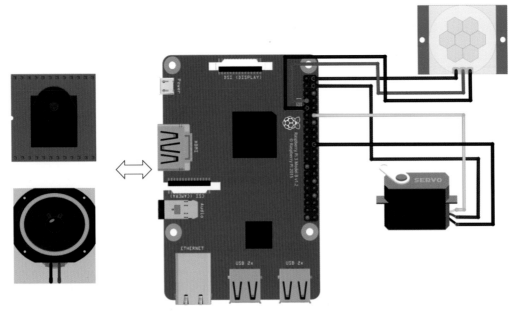

⚓ 라즈베리파이와 전자 부품 연결

전자 부품	연결 위치
라즈베리파이 카메라	CSI 커넥터
인체감지 센서	5V VCC, Ground, wPi GPIO.7(일반 GPIO 4)
서보 모터	5V VCC, Ground, wpi GPIO.1(일반 GPIO 18)
스피커	Analog 3.5mm 잭 또는 HDMI 단자

라즈베리파이 카메라는 서보 모터와 연결하여 0~180도까지 회전하며 집 안 상태를 감지할 수 있다. 따라서, 라즈베리파이 카메라와 서보 모터가 결합된 형태로 완성될 것이다. 이번 장에서 만드는 CCTV는 전자 부품 구성은 그대로 사용하기 때문에 소프트웨어적으로 어떻게 구성되었는지 확인하며 따라하면 멋진 CCTV를 만들 수 있다.

2 이메일로 경고 보내기 설정하기

이제 어떻게 CCTV를 구성하고 어떤 방식으로 운용될지 큰 그림을 그릴 수 있게 되었다. 이제 마지막으로 설정할 것은 외부 침입자가 발생했을 때 원격에 있는 사용자에게 이메일로 경고를 보내도록 하는 것이다. 이를 통하여 사용자가 CCTV를 보고 있지 않을 때 침입자가 들어오더라도 이메일을 통해서 경보를 받을 수 있다. 책의 방향과 흐름에 맞추어 너무 복잡하거나 보안성이 높은 방식보다는 서비스 구현에 의의를 두고 설정한다.

이메일로 경고를 보내기 위해 사용할 프로그램은 SSMTP이다. SSMTP는 이메일을 보내는 프로그램으로, 별도로 메일을 수신하거나 관리하는 메일 서버가 아니라 단순히 시스템 관리자가 시스템 경고나 자동화 이메일을 외부 이메일로 전달하는 것이 주 목적이다. 라즈베리파이에 SSMTP를 설치하여 보자. 리눅스에서 사용할 수 있게 제공되는 프로그램이므로 apt-get 명령어를 이용하여 간단하게 설치할 수 있다.

```
pi@raspberrypi:~$ sudo apt-get install ssmtp
```

프로그램을 사용하기 위해서 환경설정도 필요하다. 환경설정을 위한 ssmtp.conf 파일은 /etc/ssmtp/ 디렉토리에 위치한다.

```
pi@raspberrypi:~$ sudo nano /etc/ssmtp/ssmtp.conf
```

SSMTP를 사용하기 위해 필요한 환경설정으로는, 메일을 수신할 곳(mailhub)과 보내는 이메일 주소, 비밀번호, 그리고 암호화와 관련된 설정이 필요하다. 다양한 이메일을 사용할 수 있겠지만, 대중적으로 사용되는 지메일(gmail)을 이용하여 해당 환경 설정을 진행한다.

파일을 연 후, 이전에 설정되어 있는 내용은 수정할 필요 없이 아래에 해당 내용을 추가한다. 파일은 root 권한 아래 있으므로 파일을 열 때 sudo를 붙이지 않으면 내용을 편집할 수 없고, 읽기 모드로 열리기 때문에 편집한 내용이 저장되지 않는다. 꼭 sudo를 붙여서 파일을 열도록 주의한다.

```
FromLineOverride=YES
mailhub=smtp.gmail.com:587
AuthUser=[보내는 사람 이메일주소]
AuthPass=[보내는 사람 이메일 비밀번호]
UseTLS=YES
UseSTARTTLS=YES
```

메일을 수신하는 곳인 mailhub에 대한 내용 이해가 조금 필요하다. smtp.gmail.com은 지메일에서 메일을 보내는 메일 서버이다. 그 뒤에 붙은 ':587'은 포트 번호이다. 일반적으로 알려진 이메일 관련 포트 번호는 25번인데 587번은 인증이 가능하여 스팸 방지가 가능한 포트이다. 587을 사용하면 인증과 관련된 내용이 추가되어야 하기 때문에 UseTLS와 UseSTARTTLS가 모두 YES로 설정되어야 한다. 인증된 사용자 정보인 AuthUser와 AuthPass는 메일을 보내는 사용자의 이메일 주소와 비밀번호를 추가한다.

이렇게 수정한 파일은 사용자의 소중한 정보가 담겨있기 때문에 아무나 접근하여 열람하거나 수정할 수 없도록 해야 한다. 그러한 권한을 설정하는 명령어가 chmod이다. chmod 명령어는 현재 사용자, 사용자가 속하여 있는 그룹, 그 외의 사용자로 구분하여 권한을 설정할 수 있으며 읽기, 쓰기, 실행하기 각각에 대해 권한을 설정할 수 있다. 우리가 설정할 권한은 숫자로 표시하면 6/4/0, 이진수로 표시하면 110/100/000으로, 앞에서부터 사용자, 사용자가 속한 그룹, 그 외 사용자가 갖게 될 권한을 이야기한다.

	읽기	쓰기	실행하기
7	1	1	1
6	1	1	0
5	1	0	1
4	1	0	0
3	0	1	1
2	0	1	0
1	0	0	1
0	0	0	0

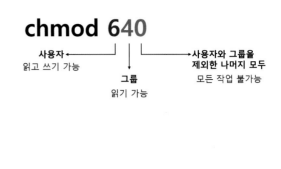

⚓ 사용자 권한 계산하기

위의 계산에 따라 chmod 6/4/0은 사용자는 읽고 쓰기 가능, 사용자가 속한 그룹은 읽기 가능, 그 외 사용자는 사용불가 권한을 갖는다. 이렇게 권한을 설정하는 것은 시스템에 영향을 미칠 수 있는 중요한 작업이기 때문에 root권한이 필요하다. 따라서 어떤 파일에 어떤 권한을 갖게 되는지는 아래와 같은 방식으로 설정한다.

```
pi@raspberrypi:~$ sudo chmod 640 /etc/ssmtp/ssmtp.conf
```

이메일 전송 시스템에 대한 설정을 모두 마쳤다면, 이번에는 클라이언트에 대한 설정을 할 차례이다. 우리가 사용할 프로그램은 MUTT로, 이는 CLI 기반의 간편한 이메일 클라이언트 시스템이다. MUTT는 그 사용이 직관적이고 간편하다. MUTT를 사용하기 위해서 설치 및 간단한 설정이 필요하다.

```
pi@raspberrypi:~$ sudo apt-get install mutt
```

설치를 마쳤다면 간단한 설정만이 남았다. 무엇을 이용하여 이메일을 보내는지에 대한 것만 설정하면 끝이다. 이 설정에 관한 파일은 홈 디렉토리(/home/pi)에 .muttrc라는 숨김 파일에 설정한다. 이 파일은 사용자의 권한에 있는 파일이기 때문에 sudo를 붙이지 않고 파일을 편집할 수 있다.

```
pi@raspberrypi:~$ nano .muttrc
```

이 파일에는 해당 내용 한 줄만 추가하고 저장한다.

```
set sendmail="/usr/sbin/ssmtp"
```

이제 라즈베리파이에서 설정할 내용은 모두 끝났다. 실행하여 이메일이 정상적으로 전송되는지 확인하는 일만 남았다. 비록 GUI는 아니지만 이메일을 보내는 방식이 꽤나 직관적이라 금방 따라할 수 있다. 아래의 규칙을 따라하여 메일을 보내 보자.

> pi@raspberrypi:~$ echo "보내고자 하는 이메일 본문" | sudo mutt −s "이메일 제목" −− [받는 사람 이메일 주소]

위의 규칙에 따라 이메일을 보낸다면 SSMTP에서 설정한 사용자가 해당 내용을 이메일로 받는 사람에게 전송하는 것과 같이 처리된다.

☫ 라즈베리파이에서 보낸 이메일 수신 결과

첨부파일을 추가하고 싶으면 '−a [첨부파일 이름]' 옵션을 사용한다. 첨부파일을 추가하는 경우 메일을 수신하기까지 시간이 소요된다.

☫ 첨부파일이 포함된 이메일 수신 결과

만약, 위의 내용을 정상적으로 적었는데 아래와 같은 에러 메시지를 만난다면, 지메일에서 설정 변경이 필요하다.

> Ssmtp: cannot open mailhub:25
> Error sending message, Child exited 1 ().
> Could not send the message.

이러한 에러 메시지가 발생하는 것은 지메일에서 보안 권한이 문제이다. 구글 → 내 계정 → 로그인 및 보안 → 계정 액세스 권한을 가진 앱에서 보안 수준이 낮은 앱 허용을 사용하도록 설정한다.

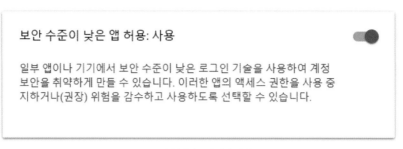

보안 수준이 낮은 앱 허용: 사용

일부 앱이나 기기에서 보안 수준이 낮은 로그인 기술을 사용하여 계정 보안을 취약하게 만들 수 있습니다. 이러한 앱의 액세스 권한을 사용 중지하거나(권장) 위험을 감수하고 사용하도록 선택할 수 있습니다.

⚓ 구글에서 보안 설정 변경

위의 설정이 정상적으로 되었다면, 이메일을 수신하는데 문제는 없다. 자, 이제 CCTV를 만들기 위한 모든 설정이 끝났다.

3 CCTV 동작 예상하기

이번 책을 덮었을 때 완성될 CCTV의 모습을 상상해보고 이를 구성해보자. 먼저 원하는 기본적인 기능을 나열해보면 다음과 같다.

① CCTV로 집 안 상태 스트리밍 (스트리밍 모드)
② CCTV 보안 작동 - 경보음 알림 / 이메일 알림 (보안 모드)

스트리밍 모드는 사용자가 실시간으로 집 안의 상태를 확인하고 싶을 때 사용할 수 있다. 카메라의 방향을 돌려가며 집안 상태를 카메라로부터 0.5초 단위로 거의 실시간으로 정보를 받아온다. 보안모드를 사용할 경우, 카메라로부터 실시간으로 정보를 받는 것이 아니라, 침입자가 감지된 순간에 촬영된 사진을 웹으로 확인할 수 있다. 사용자 설정에 따라 사이렌으로 경고음을 알리거나 이메일로 사진과 메시지를 받을 수 있다.

위의 두 기능을 수행하기 위해서는 인체감지 센서(pir)와 카메라 상태를 기준으로 두 개의 상태 구성도를 만들 수 있다. 뒤에서 살펴볼 소스코드 또한 이 상태 구성도를 기준으로 완성한 것이므로, 이를 잘 이해하고 있다면 소스코드

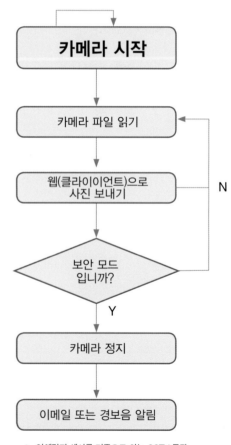

⚓ 인체감지 센서를 기준으로 하는 CCTV 동작

이해 또한 빠르게 할 수 있다.

먼저 인체감지 센서를 기준으로 하는 동작을 살펴보자. 인체감지 센서는 10초에 한 번씩 반복하여 감지되는 사람 혹은 동물이 있는지 확인한다. 만약 무언가 감지된다면 현재 설정된 상태가 보안 모드인지 스트리밍 모드인지 확인한다. 보안 모드라면 카메라 동작을 시작하여 그 순간을 촬영한다. 스트리밍 모드에서는 인체감지 센서가 동작하고 있더라도 영향을 미치지 않기 때문에 별다른 변화가 일어나지 않는다.

이제 카메라를 기준으로 그 동작을 확인해보자. 카메라는 동작을 시작하면 0.5초에 한 번씩 사진을 촬영하며, /home/pi/cctv 경로에 image.jpg라는 파일로 사진을 저장한다. 카메라가 동작을 시작하면 저장된 사진은 파일을 읽어서 클라이언트의 웹페이지로 전송한다. 만약, 보안 모드라면 침입자가 감지된 순간에만 카메라가 동작할 것이기 때문에 한 번만 사진을 전송하고 카메라를 정지한다. 그리고 이 정보를 가지고 사용자에게 이메일로 사진과 함께 알림을 보내거나 경보음을 발생한다. 만약 스트리밍 모드라면 0.5초에 한 번씩 사진을 계속 웹으로 보내 사용자가 실시간으로 확인할 수 있게 동작한다.

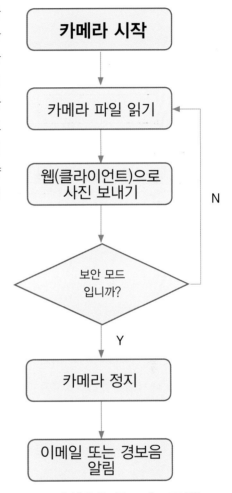

🎣 카메라 동작을 기준으로 하는 CCTV 동작

이 동작을 이해하고 있다면 소스코드를 이해하는데 훨씬 수월할 것이다. 클라이언트 쪽 소스코드는 웹페이지 외관을 꾸미는 부분이 포함되어 있어 소스코드가 어려워 보이지만 사실은 서버와 어떤 key를 가지고 통신하는지 이해하고 있다면 상당히 직관적이다. 서버 소스코드는 위의 두 가지 상태표를 바탕으로 기능을 나누어 만들었다. 그리고 서버와 클라이언트는 key 값을 가지고 서로 어떤 정보를 주고 받을지 통로를 만들 수 있다. 예를 들어 웹에서 스트리밍 모드로 설정하는 버튼을 누른 경우, 서버에게 모드가 바뀐 것을 알려주기 위해서 'streaming'이라는 key를 사용하여 알려준다. 이런 식으로 서버가 클라이언트에게 혹은 클라이언트가 서버에게 정보를 알려주기 위해서는 각각 다른 key를 가지고 있어야 한다.

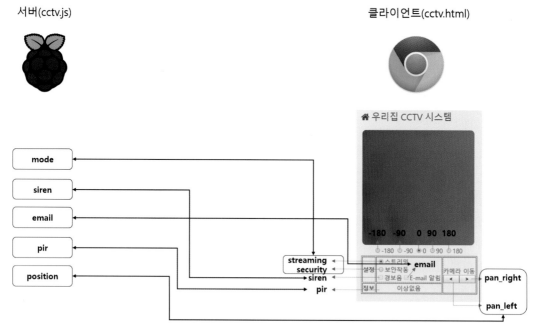

서버(cctv.js)   클라이언트(cctv.html)

⚓ CCTV 서버와 클라이언트 간의 key 매핑

이 key 값들은 서버와 클라이언트 간의 소켓 통신에서 on(), emit()과 함께 사용된다. 그럼 cctv.js 이름으로 서버 파일을, cctv.html 이름으로 클라이언트 파일을 만들어 각각을 살펴보도록 하자.

4 CCTV 서버 소스코드 작성 및 분석하기

라즈베리파이에서 동작할 CCTV 서버인 cctv.js 의 소스코드는 아래와 같다. 정상적으로 동작하기 위해서 빠진 라이브러리가 있는지 확인하고, 먼저 설치를 진행한다.

라이브러리	내장/설치	설치 명령어
child_process	내장	–
fs	내장	–
wiringpi-node	설치	sudo npm install wiringpi-node
express	설치	sudo npm install express
http	내장	–
socket.io	설치	sudo npm install socket.io
raspicam	설치	sudo npm install raspicam

⚓ CCTV 서버 프로그래밍에 필요한 라이브러리 모음

모든 라이브러리가 설치되어 정상적으로 동작한다면 해당 소스코드를 함께 분석해보자. 소스코드는 크게 6부분으로 구분할 수 있다.

- Line 1~15 : 필요한 변수 및 함수를 선언하고 초기화한다.
- Line 17~65 : 웹서버 시작 및 클라이언트와의 이벤트를 등록하고 처리한다.
- Line 67~100 : raspicam 카메라 동작에 따라 파일을 처리한다.
- Line 102~109 : 인체감지 센서에 따라 동작을 처리한다.
- Line 111~114 : 프로그램을 종료한다.
- Line 116~128 : 카메라 방향 전환을 위한 서보 모터 관련 함수를 처리한다.

[실습 파일 : cctv.js]

```
1    var exec = require('child_process').exec;
2    var fs = require('fs');
3    var wpi = require('wiringpi-node');
4
5    var mode = 'security';
6    var siren = false;
7    var email = false;
8    var pir = false;
9    var position = 0;
10
11   var PIR_PIN = 15;
12   var MOTOR_PIN = 16;
13
14   initDevice(PIR_PIN, MOTOR_PIN);
15   setServo(MOTOR_PIN, 0);
16
17   // 웹서버 관련 소스
18   var app = require('express')();
19   var server = require('http').Server(app);
20   var io = require('socket.io')(server);
21
22   // cctv.html로 라우팅 설정
23   app.get ('/', function(req, res){
24       res.sendFile(__dirname + '/cctv.html');
25   });
26
27   // 서버 구동, http://IP주소
28   server.listen(80, function(){
29   console.log('server is running');
30   });
```

```
31
32    // 클라이언트 접속 시, 이벤트 등록
33    io.on('connection', function(socket){
34      socket.on('streaming', function(){
35        mode = 'streaming';
36        camera.start();
37      });
38
39    socket.on('security', function(){
40      mode = 'security';
41      camera.stop();
42    });
43
44    socket.on('siren', function(data){
45      siren = data;
46    });
47
48    socket.on('email', function(data){
49      email = data;
50    });
51
52    socket.on('pan_left', function(){
53      if(position > -60)
54        position -= 10;
55
56      setServo(MOTOR_PIN, position);
57    });
58
59    socket.on('pan_right', function(){
60      if(position < 60)
61        position += 10;
62
63      setServo(MOTOR_PIN, position);
64    });
65    });
66
67    var RaspiCam = require("raspicam");
68      var camera = new RaspiCam({
69      mode:"timelapse",
70      output:"/home/pi/cctv/image.jpg",
```

```
71      timeout:0,
72      quality:50,
73      vstab:true,
74      width:300,
75      height:300,
76      encoding: "jpg",
77      timelapse:500,
78      nopreview:true
79    });
80
81    camera.on("read", function(err, timestamp, filename){
82        fs.readFile("/home/pi/cctv/image.jpg", function(err, data) {
83          if (!err){
84              var buffer = new Buffer(data).toString('base64');
85              io.emit('cctv_img', buffer);
86          }
87      });
88
89    if(mode == "security"){
90        camera.stop();
91
92      if(email)
93        exec('echo "DetectTime: $(date "+%F %A %X") " | sudo mutt -s "[CCTV Report] Detect
Anything" -a "/home/pi/cctv/image.jpg" - cctv_test@gmail.com');
94
95      if(siren){
96        exec('espeak "침입자 발생"');
97        exec('mpg321 /home/pi/cctv/siren.mp3');
98      }
99    }
100   });
101
102   setInterval(function(){
103     pir = wpi.digitalRead(PIR_PIN);
104     if(pir && mode == 'security'){
105       camera.start();
106       }
107
108     io.emit('info', {pir:pir, mode:mode});
109   }, 10000);
```

```
110
111     process.on('SIGINT', function () {
112         exec('pkill raspistill');
113         process.exit();
114     });
115
116     ///////////////// Function /////////////////
117     function initDevice(pir_pin, servo_pin){
118         wpi.setup('wpi');
119         wpi.pinMode(pir_pin, wpi.INPUT);
120         wpi.pinMode(servo_pin, wpi.SOFT_PWM_OUTPUT);
121     };
122
123     function setServo(pin, degree){
124         wpi.softPwmWrite(pin, (Math.floor(degree/10) + 15));
125         setTimeout(function(){
126             wpi.softPwmWrite(pin, 0);
127         }, 500);
128     };
```

그럼 각각을 분석하여 보자.

• Line 1~15 : 필요한 변수 및 함수를 선언하고 초기화한다.

서버를 생성하고 클라이언트와 주고 받은 정보를 담을 수 있는 변수를 선언 및 초기화한다.

카메라에 연결된 서보 모터를 제어하기 위한 함수에 대해 정리한다.

• Line 17~65 : 웹서버 시작 및 클라이언트와의 이벤트를 등록하고 처리한다.

클라이언트와 소켓 통신을 하기 위한 웹 소켓 서버 생성하고, 포트 번호는 80번을 사용한다.

클라이언트가 소켓을 생성하고 서버에 접속하면 cctv.html로 파일을 바인딩할 수 있도록 라우팅을 설정한다.

클라이언트가 접속한 후, 서버-클라이언트 간 주고 받을 수 있는 이벤트에 대해 등록하고 어떤 key 값을 사용하고 어떤 동작을 할지 각 이벤트에 정의한다.

• Line 67~100 : raspicam 카메라 동작에 따라 파일을 처리한다.

raspicam을 이용한 카메라 동작을 정의한다.

카메라는 0.5초에 한 번씩 image.jpg(크기 : 300x300 품질 : 50%)이름으로 파일을 덮어쓰며 저장하고 카메라 동작을 시작하여 저장된 image.jpg 파일을 웹페이지로 전송한다.

CCTV 설정(스트리밍 또는 보안 모드) 그리고 인체감지 센서 연동에 따라 계속하여 웹페이지로 사진을 전송할지 정지할지 선택할 수 있다.

만약, 보안 모드라면 카메라를 정지하고 사용자 설정에 따라 이메일 전송 또는 경고음을 발생한다.

- Line 102~109 : 인체감지 센서에 따라 동작을 처리한다.

  10초에 한 번씩 인체감지 센서가 동작하며 침입자가 있는지 확인한다.

  클라이언트에게 웹페이지로 인체감지 센서 상태와 CCTV 설정 상태를 전송하고, 만약 침입자가 감지되고 CCTV 설정이 보안 모드라면 카메라 동작을 시작한다.
- Line 111~114 : 프로그램을 종료한다.

  프로그램 종료 시([Ctrl]+[C]), 동작하고 있는 라즈베리파이 카메라 프로세스를 종료하고 프로그램을 종료한다.
- Line 116~128 : 카메라 방향 전환을 위한 서보 모터 관련 함수를 처리한다.

  initDevice( )함수를 통해 카메라와 연결한 서보 모터 초기화한다.

  setServo( )함수를 통해 카메라 방향 전환을 하도록 서보 모터 제어한다.

5 CCTV 클라이언트 소스코드 작성 및 분석하기

클라이언트가 원격으로CCTV를 제어하고 상태를 확인하는데 사용하는 웹페이지인 cctv.html의 소스코드는 아래와 같다. HTML 태그 외에도 jQuery와 CSS가 함께 사용된다. jQuery는 HTML로 표현하기 복잡한 문법을 좀 더 쉽고 직관적으로 표현할 수 있는 방식으로 $ 표시로 시작하는 부분은 jQuery 문법이 적용된 것이다. JQuery를 사용하기 위해서 jQuery를 사용하겠다는 선언을 해주어야 한다. 이번 소스코드에서는 3.1.1 버전을 사용한다. CSS(Cascading Style Sheets)는 HTML을 예쁘게 꾸미는 역할을 한다. 미리 정의된 다양한 효과를 HTML 내에 가져와 적용할 수 있으며, 어떤 링크에서 가져올지 미리 정의해주어야 한다. 해당 소스코드에서는 http://fontawesome.io/icons/ 에 있는 것을 활용하여 아이콘을 사용하였으며, 사이트 내에서 원하는 모양을 검색하면 어떻게 CSS로 적용할 수 있는지 설명이 나온다.

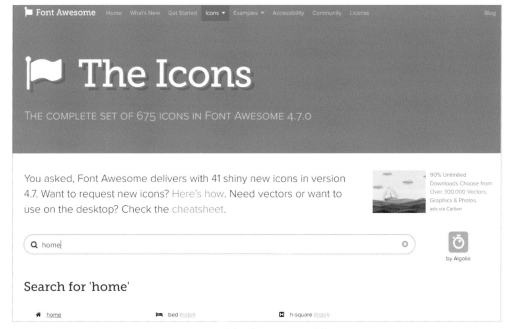

⚓ CSS에 사용된 fontawesome 사이트

클라이언트의 웹페이지 소스코드는 HTML 문법을 사용하기 때문에 어렵게 보일 수도 있다. 이 소스코드를 전부 이해하려고 하기 보다, 어떤 의미인지 파악하는데 의의를 두기를 권장한다. 만약 더 멋진 클라이언트 웹페이지를 만들고 싶다면, HTML+jQuery+CSS로 구성된 책을 참고하기를 바란다.

클라이언트의 웹페이지도 크게 몇 부분으로 나누어 볼 수 있다. 이 중에서 〈html〉, 〈head〉, 〈body〉과 같은 큰 부분은 제외했다.

- Line 3~7 : 필요한 라이브러리 및 설정을 추가한다.
- Line 8~70 : 소켓을 생성하고 서버와의 이벤트 연결을 처리한다.
- Line 71~75 : CSS를 이용하여 웹페이지 꾸미는 부분을 설정한다.
- Line 78~116 : 사진, 사진 방향, 모드 설정, 정보, 카메라 이동 등 제어에 필요한 설정이 웹페이지에 보이도록 설정한다.

[실습 파일 : cctv.html]

```html
1    〈html〉
2    〈head〉
3    〈title〉My CCTV〈/title〉
4    〈meta name="viewport" content="width=device-width, height=device-height, initial-scale=1.0,
     user-scalable=no" /〉
5    〈link rel="stylesheet" href="//maxcdn.bootstrapcdn.com/font-awesome/4.3.0/css/font-awesome.
     min.css"〉
6    〈script src="https://code.jquery.com/jquery-3.1.1.min.js"〉〈/script〉
7    〈script src="/socket.io/socket.io.js"〉〈/script〉
8    〈script〉
9      $(function(){
10        var socket = io();
11        var rot = 0;
12
13    socket.on('info', function(data){
14        $('#pir').text(data.pir?"침입자 발생":"이상없음");
15        $('input:radio[name=cctv_mode]:input[value=' + data.mode+ ']').attr('checked', true);
16
17        if(data.mode == 'streaming'){
18            $("input:checkbox[name=security_func]").attr('disabled', true);
19        }
20      });
21
22    socket.on('cctv_img', function(data){
23        $('#cctv').attr('src','data:image/jpeg;charset=utf-8;base64, ' + data);
24      });
25
26    $("input:radio[name=cctv_mode]").change(function(){
```

```
27        socket.emit($(this).val());
28
29    if($(this).val() == 'streaming'){
30       $("input:checkbox[name=security_func]").attr('disabled', true);
31    }
32
33    if($(this).val() == 'security'){
34       $("input:checkbox[name=security_func]").attr('disabled', false);
35    }
36  });
37
38  $("input:checkbox[name=security_func]:checkbox[value=siren]").click(function(){
39     socket.emit('siren',
         $("input:checkbox[name=security_func]:checkbox[value=siren]"). is(":checked"));
40  });
41
42  $("input:checkbox[name=security_func]:checkbox[value=email]").click(function(){
43     socket.emit('email',
         $("input:checkbox[name=security_func]:checkbox[value=email]").is(":checked"));
44  });
45
46  $('#pan_left').click(function(){
47     socket.emit('pan_left');
48  });
49
50  $('#pan_right').click(function(){
51     socket.emit('pan_right');
52  });
53
54  $("input:radio[name=cctv_rotate]").change(function(){
55     rotateImage($(this).val());
56  });
57
58  function rotateImage(degree) {
59    $('#cctv').animate({  transform: degree }, {
60      step: function(now,fx) {
61        $(this).css({
62          '-webkit-transform':'rotate('+now+'deg)',
63          '-moz-transform':'rotate('+now+'deg)',
```

```
64          'transform':'rotate('+now+'deg)'
65        });
66      }
67    });
68  }
69  });
70  </script>
71  <style>
72    body{color:#555555;background:#efefef;}
73    img{border-radius:10px}
74    #wrapper{max-width:320px;margin:0 auto;}
75  </style>
76  </head>
77  <body>
78  <div id='wrapper'>
79    <h2><span class='fa fa-home'> 우리집 CCTV 시스템</span></h2>
80    <table>
81      <tr>
82      <td width="300" height="300">
83        <img id='cctv' />
84      </td>
85      </tr>
86    <tr>
87    <td align="center">
88      <input type='radio' name='cctv_rotate' value='-180'>-180</input>
89      <input type='radio' name='cctv_rotate' value='-90'>-90</input>
90      <input type='radio' name='cctv_rotate' value='0' checked='checked'>0</input>
91      <input type='radio' name='cctv_rotate' value='90'>90</input>
92      <input type='radio' name='cctv_rotate' value='180'>180</input>
93    </td>
94    </tr>
95  </table>
96  <table border=1>
97    <tr>
98    <td><b>설정</b></td>
99    <td colspan="2">
100   <input type='radio' name='cctv_mode'
101 value='streaming'>스트리밍</input><br>
102   <input type='radio' name='cctv_mode' value='security'>보안작동</input><br>
103   <input type='checkbox' name='security_func' value='siren'>경보음</input>
```

```
104        <input type='checkbox' name='security_func' value='email'>E-mail 알림</input>
105      </td>
106      <td colspan="2" rowspan="2">
107        카메라 이동<br>
108        <button id='pan_left'><b>&lt;</b></button>
109        <button id='pan_right'><b>&gt;</b></button>
110      </td>
111    </tr>
112    <tr>
113      <td><b>정보</b></td>
114      <td colspan="2" align="center"><span id='pir'></span></td>
115    </tr>
116    </table>
117    </div>
118  </body>
119  </html>
```

그럼 각각을 분석해보자.

- Line 3~7 : 필요한 라이브러리 및 설정을 추가한다.

  〈title〉은 크롬을 기준으로 할 때, 탭에 어떤 내용을 보이게 할지 설정하는 부분이다.

  〈meta ...〉는 사용하는 기기에 따라 웹페이지 크기를 맞춰서 보일 수 있게 설정한다.

  웹페이지를 구성하는데 필요한 라이브러리를 추가(CSS, jQuery, socket.io)한다.

- Line 8~70 : 소켓을 생성하고 서버와의 이벤트 연결을 처리한다.

  클라이언트의 소켓을 생성하고 서버와의 이벤트 등록 및 처리를 담당한다.

  모든 내용은 jQuery 문법에 따라 $(function(){ /* 이벤트 등록 및 처리 */ }) 사이에 작성하여야 정상적으로 처리되며 〈body〉에서 사용하는 HTML 태그에 따라 value 또는 id 값이 서버와 연결될 수 있도록 key를 잘 적어주는 것이 중요하다.

  웹페이지를 기준으로 서버, 즉 라즈베리파이로 정보를 보낼 경우 socket.emit() 메소드를, 라즈베리파이가 웹페이지로 정보를 보내는 경우 socket.on() 메소드에 그 정보를 담아서 통신한다.

- Line 71~75 : CSS를 이용하여 웹페이지 꾸미는 부분을 설정한다.

  웹페이지의 배경 색, 사진의 가장자리를 둥글게, 전체 페이지 가운데 정렬 및 크기 지정 등 웹페이지 전체에 대한 기본 설정을 CSS를 이용하여 간편하게 설정할 수 있다.

- Line 78~116 : 사진, 사진 방향, 모드 설정, 정보, 카메라 이동 등 제어에 필요한 설정이 웹페이지에 보이도록 설정한다.

  css로 설정한 wrapper에 해당하는 내용을 적용하여 웹페이지 외관 생성한다.

  웹페이지 상에서 우리집 CCTV 시스템으로 보이는 부분은 〈h1〉, 〈h3〉 등 다른 태그를 이용하여 글씨 크기 변경 가능하며, CSS 태그를 이용하여 집 모양 아이콘 추가하며 사진과 그 안의 모든 내용은 두 개의

〈table〉 태그 안에 정리하여 정렬할 수 있다.

〈tr〉 태그는 행, 〈td〉 태그는 열을 만들어 넣으며, 현재 소스코드에서 그 구성은 아래와 같다. 첫 번째 〈table〉은 테두리를 없애서 보이지 않지만 내부적으로는 테두리가 존재하는 것이다.

/* 카메라가 촬영한 이미지 표시*/
/*-180, -90, 0, 90, 180도로 사진 방향 조정*/

두 번째 테이블의 경우 테두리가 1로 설정되어 있으며, 그 안에 다음과 같은 내용을 담고 있다.

설정	/* 스트리밍, 보안 모드 설정*/	카메라 이동 /* 카메라 방향 제어*/
정보	/*서버가 전송하는 인체감지 센서, CCTV 모드 정보 출력*/	

사실, cctv.html 파일을 한 번에 이해하기란 쉽지 않다. 이번 장에서는 어떻게 되어있는 큰 흐름을 이해하고 소스코드 내에 각 값들을 바꿔보며 나만의 클라이언트 웹페이지로 만들어보는 것을 도전해보기를 바란다. HTML 파일의 경우 라즈베리파이 안에서 소스코드의 문제를 찾는 디버깅을 하기 쉽지 않다. 그러나 너무 겁 먹을 필요는 없다. 크롬/크로미움에 내장되어 있는 기능을 이용하여 간단한 디버깅을 할 수 있기 때문이다. 웹페이지에서 마우스 우클릭을 하면 Inspect 또는 검사 메뉴가 있다. 메뉴를 클릭하면 웹페이지를 구성하는 소스코드, 콘솔, 리소스 사용 양 등 다양한 정보를 확인할 수 있다. 만약 소스코드에 문제가 있다면 우측에 빨간 엑스가 보이고 몇 개의 에러가 있는지 함께 확인할 수 있다. 숫자를 클릭하면 어디에서 어떤 에러가 발생했는지 확인할 수 있다.

⚓ 크롬/크로미움에서 HTML 파일 디버깅하기 1

현재 두 개의 에러와 한 개의 경고(warning)이 보이는데, 에러는 반드시 수정되어야 할 문제를 의미하고 경고는 동작은 가능하지만 수정하기를 권장하는 문제를 의미한다. 위의 경우 socket.io 라이브러리 위치에 대해 오타를 냈기 때문에 발생하는 문제이다. 이런 문제는 그 위치를 찾기 쉽지 않지만 에러 메시지를 읽어보면 socket.io를 찾을 수 없다고 나오기 때문에 큰 문제가 무엇인지 분석할 수 있다.

그 다음으로 많이 만나는 문제는 괄호를 빼먹거나 다른 위치에 소스코드를 작성하는 경우에 발생한다. 프로그래밍에서 괄호는 해당 프로그래밍의 시작과 끝을 알리기 때문에 짝을 맞춰 작성하는 것이 중요하다. 이렇게 괄호를 잘 못 적은 경우 디버깅은 좀 더 수월하다. 왜냐하면 문제가 발생한 위치가 어디인지 대략적으로 알 수 있기 때문이다. 에러 메시지에 (index):21이라고 표시된 것은 cctv.html 파일의 21번 째 줄에 문제가 있음을 알려주는 것이다. 그렇기 때문에 에러 메시지가 발생한 곳 주위를 살펴보면 문제를 해결할 수 있다.

⏬ 크롬/크로미움에서 HTML 파일 디버깅하기 2

이 책에서 다루고 있는 소스코드의 내용은 대부분 초급 수준이기 때문에 발생하는 문제는 오타나 괄호가 쌍으로 연결되지 않는 문제가 대부분일 것이다. 그러니 웹페이지에 정상적으로 내용이 나오지 않는다면, 이렇게 Inspect 메뉴를 켜고 어디에 문제가 있는지 확인하도록 하자.

6 CCTV 작동하기

완성된 소스코드를 바탕으로 CCTV를 동작시켜보자.

라즈베리파이에서 cctv.js 파일을 실행한 후, 웹으로 접속하여 CCTV 정보를 확인하고 제어할 수 있다. CCTV 동작 방식은 아래 그림과 같다.

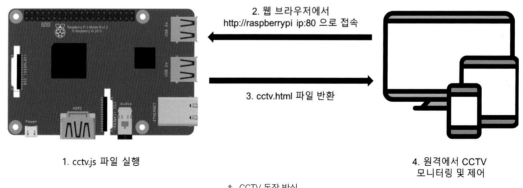

⏬ CCTV 동작 방식

CCTV가 동작하는 것을 확인할 수 있다. 그런데 예상하지 못한 문제가 발생한다. 라즈베리파이를 재부팅할 때마다 cctv.js 파일을 다시 실행시켜야 한다는 것이다. 이것은 굉장히 비효율적인 일이다. 이러한 문제를 해결하기 위해 /etc/rc.local 파일에 미리 실행 스크립트를 넣어둘 수 있다.

```
pi@raspberrypi:~$ sudo nano /etc/rc.local
```

```
#!/bin/sh -e
#
# rc.local
#
# This script is executed at the end of each multiuser runlevel.
# Make sure that the script will "exit 0" on success or any other
# value on error.
#
# In order to enable or disable this script just change the execution
# bits.
#
# By default this script does nothing.

# Print the IP address
_IP=$(hostname -I) || true
if [ "$_IP" ]; then
  printf "My IP address is %s\n" "$_IP"
fi
```

```
파일 실행 명령어 위치
```

```
exit 0
```

/etc/rc.local 파일

/etc/rc.local/은 부팅할 때 자동으로 실행할 명령어 스크립트를 넣어두는 파일로 CCTV를 실행하는 명령어를 미리 입력하여 부팅할 때 자동으로 cctv.js 파일을 실행시킨다. 이 때 주의해야할 것은 실행 명령어를 쓰는 위치와 경로 설정이다. /etc/rc.local 파일에 실행 명령어를 쓸 때 반드시 위 그림의 빨간 네모로 표시된 곳 안에 적어야 하며, 실행할 파일은 절대 경로로 적어야 한다. 절대 경로란 /(루트) 경로부터 단계적으로 모든 경로를 적는 것을 의미한다. 만약, cctv.js파일이 pi의 홈 디렉토리(/home/pi)에 있다면 sudo node /home/pi/cctv.js라고 파일을 적어야 한다. 왜 절대 경로로 적어야 할까? 상대 경로 즉, 자신이 현재 있는 곳으로부터 시작하는 경로가 파일이 있는 실제 위치가 아니기 때문이다.

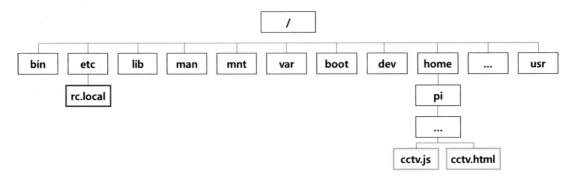

라즈베리파이 디렉토리 구조

라즈베리파이를 비롯하여 리눅스가 갖는 파일 디렉토리의 구조는 위 그림과 같다. CCTV를 구성하는 cctv.js와 cctv.html 파일이 있는 경로와 실행 스크립트를 넣어 둘 rc.local 파일은 전혀 다른 경로에 있다. 리눅스는 파일을 검색할 때 자신의 하위 경로로 검색하기 때문에 상위 경로가 다른 경우 올바르게 파일을 찾아갈 수 없다. 그렇기 때문에 절대 경로로 적어서 해당 파일을 정확히 찾아갈 수 있도록 지정해주어야 한다.

파일 실행 명령어를 적어줄 때, 뒤에 &를 붙여주어 해당 파일이 백그라운드로 동작하면 CCTV 기능을 사용하면서 다른 용도로 라즈베리파이를 동시에 사용할 수 있다. 백그라운드로 동작한다는 말은 CCTV 프로그램이 라즈베리파이의 전체 프로세스를 차지하지 않는다는 말이다. 쉽게 생각하면 컴퓨터 상에 백신 프로그램을 항상 실행해두어도 다른 기능을 사용할 때 영향을 끼치지 않는 것과 같다. 만약 백신 프로그램을 백그라운드로 동작 시키지 않는다면, 백신 프로그램이 동작하는 동안 우리는 컴퓨터의 다른 기능을 사용할 수 없을 것이다.

/etc/rc.local에 입력하여야할 실행 명령은 아래와 같다.

p200 그림 /etc/rc.local 파일을 참조하여 '파일 실행 명령어 위치'부분에 아래 명령어를 추가한다. 반드시 cctv.js 파일의 위치를 절대 경로로 적어주어야 한다.

sudo node [cctv.js 파일의 절대경로]/cctv.js & //cctv.js가 홈 디렉토리에 있는 경우 /home/pi/cctv.js

이제 /etc/rc.local에 cctv.js을 절대 경로로 실행시켜보자. 재부팅하였을 때 CCTV가 올바르게 동작한다면 정상적으로 적용된 것이다.

pi@raspberry:~$sudo node cctv.js

🔱 CCTV 완성하기

CCTV가 올바르게 동작한다면 CCTV에 예쁜 옷을 만들어보자. 필자는 3D 프린터를 이용하여 시중에 판매되고 있는 CCTV와 유사한 모양으로 외관을 만들었다. 꼭 3D 프린터가 아니어도 다양한 재료를 이용하여 자신만의 CCTV 외관을 만들어 설치하면 더욱 멋진 메이커 작품을 완성할 수 있다.

이제 라즈베리파이를 이용하여 CCTV를 만드는 모든 과정을 마쳤다. 이 책에서 라즈베리파이 운영체제 설치부터 설정, 자바스크립트와 Node.js 프로그래밍, 전자 부품 제어하기를 다루며 CCTV 제작에 필요한 기초를 다졌다. 그리고 그 기초를 조합하여 CCTV를 완성하였다. 이 책은 CCTV 만들기를 담고 있지만 그 안에서 각 부분의 원리를 배우고 응용할 수 있는 힘을 기를 수 있도록 구성하였다. 이 책을 덮고 난 후, CCTV에 전자 부품을 추가하고 소프트웨어를 추가하여 더 멋진 자신만의 CCTV 를 만들 수 있는 자신감을 얻기를 바란다. 꼭 CCTV가 아니어도 좋다. 스스로 무언가를 만들 수 있다는 자신감을 얻을 수 있는 시간이 되길 바란다.

사물인터넷 IoT Maker
라즈베리파이
CCTV 만들기

1판 1쇄 인쇄 2018년 4월 10일
1판 1쇄 발행 2018년 4월 15일

—

지 은 이 기연아
발 행 인 이미옥
발 행 처 디지털북스
정   가 20,000원
등 록 일 1999년 9월 3일
등록번호 220-90-18139
주   소 (04987) 서울 광진구 능동로 32길 159
전화번호 (02) 447-3157~8
팩스번호 (02) 447-3159

—

ISBN 978-89-6088-224-9 (93560)
D-18-06

www.digitalbooks.co.kr